岩土勘察与岩土设计研究

刘梓松　涂云福　黄碧红　著

吉林科学技术出版社

图书在版编目（CIP）数据

岩土勘察与岩土设计研究 / 刘梓松，涂云福，黄碧红著. -- 长春 : 吉林科学技术出版社，2022.8

ISBN 978-7-5578-9944-8

Ⅰ. ①岩… Ⅱ. ①刘… ②涂… ③黄… Ⅲ. ①岩土工程－地质勘探－设计－研究 Ⅳ. ① TU412

中国版本图书馆 CIP 数据核字（2022）第 206726 号

岩土勘察与岩土设计研究

著　　　刘梓松　涂云福　黄碧红
出 版 人　宛　霞
责任编辑　赵海娇
封面设计　树人教育
制　　版　树人教育
幅面尺寸　185mm×260mm
字　　数　220 千字
印　　张　10.25
印　　数　1-1500 册
版　　次　2022年8月第1版
印　　次　2023年3月第1次印刷

出　　版　吉林科学技术出版社
发　　行　吉林科学技术出版社
地　　址　长春市福祉大路5788号
邮　　编　130118
发行部电话/传真　0431-81629529 81629530 81629531
81629532 81629533 81629534
储运部电话　0431-86059116
编辑部电话　0431-81629518
印　　刷　三河市嵩川印刷有限公司

书　　号　ISBN 978-7-5578-9944-8
定　　价　85.00元

前言

岩土工程是欧美国家于20世纪60年代在土木工程实践中建立起来的一种新的技术体制。它后来就发展到了现在岩土工程更为广泛的应用，譬如我们现在居住的公寓楼、写字楼和一些居住商品房和高层建筑等；另外还包括像我国地质勘探勘测开发和矿山矿石工程的挖掘等等都会涉及岩土工程问题。然而，提到岩土工程问题就不得不谈及工程的勘察和设计问题，这一环节同样在岩土工程中发挥极其重要的作用。

岩土工程，直译为“地质技术工程”，是欧美国家于20世纪60年代在前人土木工程实践的基础上建立起来的一个新的技术体系，它主要是研究岩体和土体工程问题的一门学科。岩土工程勘察技术是建设工程勘察的重要手段，直接服务于地基和基础工程设计。采用合理的勘察技术手段是确保建设工程安全稳定、技术经济合理的关键。随着我国经济建设的繁荣发展，工程建设场地已没有较多的选择空间，在大多数情况下，只能通过岩土工程勘察查明拟建场地及其周边地区的水文地质、工程地质条件，在对现有场地进行可行性和稳定性论证的基础上，对场地岩土体进行整治、改造再利用，这也是当今岩土工程勘察面临的新形势。随着我国基础设施建设规模的不断扩大，对岩土工程提出了一个又一个需要解决的新课题和亟待解决的新问题。

本书结合了编者及其教学团队的多年教学、科研、实践的经验，以实用技术及理论基础并重为原则，协调好基础理论与现代科技间的关系，吸收先进的生产设备和生产工艺，统筹安排各章内容，使教材内容更能贴近生产实践。限于编者的水平及认识的局限性，书中难免有不当之处，恳请广大读者批评指正。

目 录

第一章 勘察分级和岩土分类

第一节 岩土工程条件

查明场地的工程地质条件是传统工程地质勘察的主要任务。工程地质条件指与工程建设有关的地质因素，或者是工程建筑物所在地质环境的各项因素。这些因素包括岩土类型及其工程性质、地质构造、地貌、水文地质、工程动力地质作用和天然建筑材料等方面。工程地质条件是客观存在的，是自然地质历史塑造而成的，不是人为造成的。由于各种因素组合的不同，不同地点的工程地质条件随之变化，因而存在的工程地质问题也各异，其影响结果是对工程建设的适宜性相差甚远。岩土工程条件不仅包含工程地质条件，还包括工程条件；把地质环境、岩土体和建造在岩土体上的建筑物作为一个整体来进行研究。具体地说，岩土工程条件包括场地条件、地基条件和工程条件。

场地条件——场地地形地貌、地质构造、水文地质条件的复杂程度；有无不良地质现象、不良地质现象的类型、发展趋势和对工程的影响；场地环境工程地质条件（地面沉降、采空区、隐伏岩溶地面塌陷、土水的污染、地震烈度、场地对抗震有利；不利影响或危险、场地的地震效应等）。

地基条件——地基岩土的年代和成因，有无特殊性岩土，岩土随空间和时间的变异性；岩土的强度性质和变形性质；岩土作为天然地基的可能性、岩土加固和改良的必要性和可行性。

工程条件——工程的规模重要性（政治、经济、社会）；荷载的性质、大小、加荷速率、分布均匀性；结构刚度、特点、对不均匀沉降的敏感性；基础类型、刚度、对地基强度和变形的要求；地基、基础与上部结构协同作用。

第二节 建筑场地与地基的概念

一、建筑场地的概念

建筑场地是指工程建设直接占有并直接使用的有限面积的土地，大体相当于厂区、居民点和自然村的区域范围的建筑物所在地。从工程勘察角度分析，场地的概念不仅代表所划定的土地范围，还应涉及建筑物所处的工程地质环境与岩土体的稳定问题。在地震区，建筑场地还应具有相近的反应谱特性。新建（待建）建筑场地是勘察工作的对象。

二、建筑物地基的概念

任何建筑物都建造在土层或岩石上，土层受到建筑物的荷载作用就产生压缩变形。为了减少建筑物的下沉，保证其稳定性，必须将墙或柱与土层接触部分的断面尺寸适当扩大，以减小建筑物与土接触部分的压强。建筑物最底下扩大的这一部分，将结构所承受的各种作用传递到地基上的结构组成部分称为基础。地基是指支承基础的土体或岩体，在结构物基础底面下，承受由基础传来的荷载，受建筑物影响的那部分地层。地基一般包括持力层和下卧层。埋置基础的土层称为持力层，在地基范围内持力层以下的土层称为下卧层。地基在静、动荷载作用下要产生变形，变形过大会危害建筑物的安全。当荷载超过地基承载力时，地基强度便遭破坏而丧失稳定性，致使建筑物不能正常使用。因此，地基与工程建筑物的关系更为直接、更为具体。为了建筑物的安全，必须根据荷载的大小和性质给基础选择可靠的持力层。当上层土的承载力大于下卧层时，一般取上层土作为持力层，以减小基础的埋深；当上层土的承载力低于下层土时，如取下层土为持力层，则所需的基础底面积较小，但埋深较大；若取上层土为持力层，情况则相反。选取哪一种方案，需要综合分析和比较后才能决定。地基持力层的选择是岩土工程勘察的重点内容之一。

三、天然地基、软弱地基和人工地基

未经加固处理直接支承基础的地基称为天然地基。

若地基土层主要由淤泥、淤泥质土、松散的砂土、冲填土、杂填土或其他高压缩性土层所构成，则称这种地基为软弱地基或松软地基。软弱地基土层压缩模量很小，所以在荷载作用下产生的变形很大。因此，必须确定合理的建筑措施和地基处理方法。

若地基土层较软弱，建筑物的荷重又较大，地基承载力和变形都不能满足设计要求时，需对地基进行人工加固处理，这种地基称为人工地基。

第三节　岩土工程勘察分级

岩土工程勘察分级，目的是突出重点，区别对待，以利于管理。岩土工程勘察等级应在综合分析工程重要性等级、场地等级和地基等级的基础上，确定综合的岩土工程勘察等级。

岩土工程勘察等级是非常重要的标准，严格执行标准做好该做的事，处理好问题才

是最关键的。我们就岩土工程勘察等级和大家详细介绍一下。

1. 工程重要性等级是根据工程的规模和特征，以及由于岩土工程问题造成工程破坏或影响使用的后果分为三级：

一级工程：重要工程，后果很严重；

二级工程：一般工程，后果严重；

三级工程：次要工程，后果不严重；

2. 场地等级根据场地复杂程度分为三个等级，一级场地为复杂场地；二级场地为中等复杂场地；三级场地为简单场地。

岩土工程勘察等级划分是根据工程重要性等级、场地复杂程度等级和地基复杂程度等级综合分析确定。“岩土工程勘察规范”将岩土工程勘察分为甲级、乙级和丙级三个等级。

岩土工程勘察按下列条件划分为甲级、乙级和丙级：

甲级——在工程重要性、场地复杂程度和地基复杂程度等级中，有一项或多项为一级。

乙级——除勘察等级为甲级和丙级以外的勘察项目。

丙级——工程重要性、场地复杂程度和地基复杂程度等级均为三级。

例如，对重要工程、地形地貌复杂和岩土很不均匀的地基为甲级勘察；对次要工程、地形地貌简单和岩土种类单一、均匀的为丙级勘察。

通过勘察等级划分，有利于对岩土工程勘察各个工作环节按等级区别对待，确定各个勘察阶段中的工作内容和方法，确保工程质量和安全。

一般情况下，勘察等级可在勘察工作开始前通过收集已有资料确定。但随着勘察工作的开展，对自然认识的深入，勘察等级也可能发生改变。对于岩质地基，场地地质条件的复杂程度是控制因素。建造在岩质地基上的工程，如果场地和地基条件比较简单，勘察工作的难度是不大的。故即使是一级工程，场地和地基为三级时，岩土工程勘察等级也可定为乙级。

第四节　勘察阶段的划分

我国的勘察规范明确规定勘察工作一般要分阶段进行，勘察阶段的划分与设计阶段相适应，一般可划分为可行性研究勘察（选址勘察）、初步勘察和详细勘察三个阶段，施工勘察不作为一个固定阶段。西方国家岩土工程勘察极少分阶段进行，我国主要是根据原国家基本建设委员会（73）建字第380号文件的精神，并考虑到与设计工作相适应和我国的长期习惯。

当场地条件简单或已有充分的地质资料和经验时，可以简化勘察阶段，跳过选址勘察，有时甚至将初勘和详勘合并为一次性勘察，但勘察工作量布置应满足详细勘察工作的要求。对于场地稳定性和特殊性岩土的岩土工程问题，应根据岩土工程的特点和工程性质，布置相应的勘探与测试或进行专门研究论证评价。对于专门性工程和水坝、核电等工程，应按工程性质要求进行专门勘察研究。

一、选址勘察

选址勘察的目的是得到若干个可选场址方案的勘察资料。其主要任务是对拟选场址的稳定性和建筑适宜性做出评价，以便方案设计阶段选出最佳的场址方案。所用的手段主要侧重于收集和分析已有资料，并在此基础上对重点工程或关键部位进行现场踏勘，了解场地的地层、岩性、地质结构、地下水及不良地质现象等工程地质条件，对倾向于选取的场地，如果工程地质资料不能满足要求时，可进行工程地质测绘及少量的勘探工作。

二、初步勘察

初步勘察是在选址勘察的基础上，在初步选定的场地上进行的勘察，其任务是满足初步设计的要求。初步设计内容一般包括：指导思想、建设规模、产品方案、总平面布置、主要建筑物的地基基础方案、对不良地质条件的防治工作方案。初勘阶段也应收集已有资料，在工程地质测绘与调查的基础上，根据需要和场地条件，进行有关勘探和测试工作，带地形的初步总平面布置图是开展勘察工作的基本条件。

初勘应初步查明：建筑地段的主要地层分布、年代、成因类型、岩性、岩土的物理力学性质。对于复杂场地，因成因类型较多，必要时应做工程地质分区和分带（或分段），以利于设计确定总平面布置；对场地不良地质现象的成因、分布范围、性质、发生发展的规律及对工程的危害程度，提出整治措施的建议；地下水类型、埋藏条件、补给径流排泄条件、可能的变化及侵蚀性；场地地震效应及构造断裂对场地稳定性的影响。

三、详细勘察

经过选址和初勘后，场地稳定性问题已解决，为满足初步设计所需的工程地质资料亦已基本查明。详勘的任务是针对具体建筑地段的地质地基问题所进行的勘察，以便为施工图设计阶段和合理地选择施工方法提供依据，为不良地质现象的整治设计提供依据。对工业与民用建筑而言，在本勘察阶段工作进行之前，应有附有坐标及地形等高线的建筑总平面布置图，并标明各建筑物的室内外地面高程、上部结构特点、基础类型、所拟尺寸埋置深度、基底荷载、荷载分布、地下设施等。

详勘主要以勘探、室内试验和原位测试为主。

四、施工勘察

施工勘察指的是直接为施工服务的各项勘察工作。它不仅包括施工阶段所进行的勘察工作，也包括在施工完成后可能要进行的勘察工作（如检验地基加固的效果）。但并非所有的工程都要进行施工勘察，仅在下面几种情况下才需进行：对重要建筑的复杂地基，需在开挖基槽后进行验槽；开挖基槽后，地质条件与原勘察报告不符；深基坑施工需进行测试工作；研究地基加固处理方案；地基中溶洞或土洞较发育；施工中出现斜坡失稳，需进行观测及处理。

第五节　岩土工程勘察的基本程序

岩土工程勘察要求分阶段进行，各阶段勘察程序可分为承接勘察项目、筹备勘察工作、编写勘察纲要、进行现场勘察、室内水与土试验、整理勘察资料和编写报告书及工程建设期间的验槽、验收等。

一、承接勘察项目

通常由建设单位会同设计单位即委托方（简称甲方），委托勘察单位即承包方（简称乙方）进行。签订合同时，甲方需向乙方提供下列文件和资料，并对其可靠性负责：工程项目批件；用地批件（附红线范围的复制件）；岩土工程勘察工程委托书及其技术要求（包括特殊技术要求）；勘察场地现状地形图（其比例尺须与勘察阶段相适应）；勘察范围和建筑总平面布置图各 1 份（特殊情况可用有相对位置的平面图）；已有的勘察与测量资料。

二、筹备勘察工作

筹备勘察工作是保证勘察工作顺利进行的重要步骤，包括组织踏勘，人员设备安排，水、电、道路三通及场地平整等工作。

三、编写勘察纲要

应根据合同任务要求和踏勘调查的结果，分析预估建筑场地的复杂程度及其岩土工程性状，按勘察阶段要求布置相适应的勘察工作量，并选择勘察方法和勘探测试手段。在制订计划时，还需考虑勘察过程中可能未预料到的问题，需为更改勘察方案而留有余地。一般勘察纲要主要内容如下：制订勘察纲要的依据，勘察委托书及合同、工程名称，勘察阶段、工程性质和技术要求以及场地的岩土工程条件分析等；勘察场地的自然条件、地理位置及地质概况简述（包括收集的地震资料、水文气象及当地的建筑经验等）；指明场地存在的问题和应研究的重点；勘察方案确定和勘察工作布置，包括尚需继续收集的文献和档案资料，工程地质测绘与调查，现场勘探与测试，室内水、土试验，现场监测工作以及勘察资料检查与整理等工作量的预估；预估勘察过程中可能遇到的问题及解决问题的方法和措施；制订勘察进度计划，并附有勘察技术要求和勘察工作量的平面布置图等。

四、进行现场勘察和室内水土试验

勘探工作量是根据工程地质测绘、工程性质和勘测方法综合确定的，目的是鉴别岩土性质和划分地层。

工程地质测绘与调查，常在选址一可行性研究或初步勘察阶段进行。对于详细勘察阶段的复杂场地也应考虑工程地质测绘。测绘之前应尽量利用航片或卫片的判释资料，测绘的比例尺选址时为 1：5000~1：50000；初勘时为 1：2000~1：10000；详勘时为 1：500~1：2000，或更大些；当场地的地质条件简单时，仅做调查。根据测绘成果可进行建筑场地的工程地质条件分区，为场地的稳定性和建设适宜性进行初判。

勘探方法有钻探、井探、槽探和物探等，并可配合原位测试和采取原状土试样、水试样进行室内水土试验分析。勘探完后，还要对勘探井孔进行回填，以免影响场地地基的稳定性。

岩土测试是为地基基础设计提供岩土技术参数，其方法分为室内岩土试验和原位测试，测试项目通常按岩土特性和工程性质确定，室内试验除要求做岩土物理力学性试验外，有时还要模拟深基坑开挖的回弹再压缩试验、斜坡稳定性的抗剪强度试验、振动基础的动力特性试验以及岩土体的岩石抗压强度和抗拉强度等试验。目前在现场直接测试岩土力学参数的方法也很多，有载荷、标准贯入、静力触探、动力触探、十字板剪切、旁压、现场剪切、波速、岩体原位应力、块体基础振动等测试，通称为原位测试。原位测试可以直观地提供地基承载力和变形参数，也可以为岩土工程进行监测或为工程监测与控制提供参数依据。

五、整理勘察资料和编写报告书

岩土工程勘察成果整理是勘察工作的最后程序。勘察成果是勘察全过程的总结并以报告书形式提出。编写报告书是以调查、勘探、测试等许多原始资料为基础的，报告书要做出正确的结论，必须对这些原始资料进行认真检查、分析研究、归纳整理、去伪存真，使资料得以提炼。编写内容要有重点，要阐明勘察项目来源、目的与要求；拟建工程概述；勘察方法和勘察工作布置；场地岩土工程条件的阐述与评价等；对场地地基的稳定性和适宜性进行综合分析论证，为岩土工程设计提供场地地层结构和地下水空间分布的几何参数，岩土体工程性状的设计参数的分析与选用，提出地基基础设计方案的建议；预测拟建工程对现有工程的影响，工程建设产生的环境变化以及环境变化对工程产生的影响，为岩土体的整治、改造和利用选择最佳方案，为岩土施工和工程运营期间可能发生的岩土工程问题进行预测和监控，为相应的防治措施和合理的施工方法提出建议。

报告书中还应附有相应的岩土工程图件，常见的有勘探点平面布置图，工程地质柱状图，工程地质剖面图，原位测试图表，室内试验成果图表，岩土利用、整治、改造的设计方案和计算的有关图表以及有关地质现象的素描和照片等。

除综合性岩土工程勘察报告外，也可根据任务要求提交单项报告，如岩土工程测试报告，岩土工程检验或检测报告，岩土工程事故调查与分析报告，岩土利用、整治或改造方案报告，专门岩土工程问题的技术咨询报告等。

对三级岩土工程的勘察报告书内容可以适当简化，即以图为主，辅之以必要的文字说明；对一级岩土工程中的专门性岩土工程问题，尚可提交专门或单项的研究报告和监测报告等。

六、报告的审查、施工验槽等

我国自 2004 年 8 月 23 日起开始实行施工图审查制度。完成的勘察报告，除应经过本单位严格细致的检查、审核之外，尚应经由施工图审查机构审查合格后方可交付使用，作为设计的依据。

项目正式开工后，勘察单位和项目负责人应及时跟踪，对基槽、基础设计与施工等关键环节进行验收，检查基槽岩土条件是否与勘探报告一致，设计使用的地基持力层和承载力与勘探报告是否一致，是否满足设计要求，是否能确保建筑物的安全等。

第六节　岩土的分类和鉴定

岩石的分类可以分为地质分类和工程分类。地质分类主要根据其地质成因、矿物成分、结构构造和风化程度，可以用地质名称（即岩石学名称）加风化程度表达，如强风化花岗岩、微风化砂岩等。这对于工程的勘察设计是十分必要的。工程分类主要根据岩体的工程性状，使工程师建立起明确的工程特性概念。地质分类是一种基本分类，工程分类应在地质分类的基础上进行，目的是较好地概括其工程性质，便于进行工程评价。国内目前关于岩体的工程分类方法很多，国家标准就有四种：《工程岩体分级标准》（GB/T50218-2014）《城市轨道交通岩土工程勘察规范》（GB 50307-2012）《水利水电工程地质勘察规范》（GB 50487-2008）和《岩土锚杆与喷射混凝土支护工程技术规范》（GB50086-2015）。另外，铁路系统和公路系统均有自己的分类标准。各种分类方法各有特点和用途，使用时应注意与设计采用的标准相一致。本书重点介绍《工程岩体分级标准》（GB/T 50218-2014）中有关的分类。

1. 按成因分类

岩石按成因可分为岩浆岩（火成岩）、沉积岩和变质岩三大类。

（1）岩浆岩

岩浆在向地表上升过程中，由于热量散失逐渐经过分异等作用冷却而成岩浆岩。在地表下冷凝的称为侵入岩；喷出地表冷凝的称为喷出岩。侵入岩按距地表的深浅程度又分为深成岩和浅成岩。岩基和岩株为深成岩产状，岩脉、岩盘和岩枝为浅成岩产状，火山锥和岩钟为喷出岩产状。

(2)沉积岩

沉积岩是由岩石、矿物在内外力作用下破碎成碎屑物质后，在大陆低洼地带或海洋中，经水流、风吹和冰川等的搬运、堆积，再经胶结、压密等成岩作用而成的岩石。沉积岩的主要特征是具层理。

(3)变质岩

变质岩是岩浆岩或沉积岩在高温、高压或其他因素作用下，经变质作用所形成的岩石。

2. 按岩石的坚硬程度分类

岩石的坚硬程度直接与地基的承载力和变形性质有关，我国国家标准按岩石的饱和单轴抗压强度把岩石的坚硬程度分为五级。

第二章　各类工程场地岩土工程勘察

第一节　房屋建筑与构筑物

一、主要工作内容

房屋建筑和构筑物[以下简称建(构)筑物]的岩土工程勘察，应有明确的针对性，因此应在收集建(构)筑物上部荷载、功能特点、结构类型、基础形式、埋置深度和变形限制等方面资料的基础上进行，以便提出岩土工程设计参数和地基基础设计方案。不同勘察阶段对建筑结构的了解深度是不同的。建(构)筑物的岩土工程勘察主要工作内容应符合下列规定：

1. 查明场地和地基的稳定性、地层结构、持力层和下卧层的工程特性、土的应力历史和地下水条件以及不良地质作用等。

2. 提供满足设计、施工所需的岩土参数，确定地基承载力，预测地基变形性状。

3. 提出地基基础、基坑支护、工程降水和地基处理设计与施工方案的建议。

4. 提出对建(构)筑物有影响的不良地质作用的防治方案建议。

5. 对于抗震设防烈度等于或大于6度的场地，进行场地与地基的地震效应评价。

二、勘察阶段的划分

根据我国工程建设的实际情况和数十年勘察工作的经验，勘察工作宜分阶段进行。勘察是一种探索性很强的工作，是一个从不知到知、从知之不多到知之较多的过程，对自然的认识总是由粗到细、由浅而深。况且，各设计阶段对勘察成果也有不同的要求，因此，必须坚持分阶段勘察的原则，勘察阶段的划分应与设计阶段相适应。可行性研究勘察应符合选择场址方案的要求，初步勘察应符合初步设计的要求，详细勘察应符合施工图设计的要求，场地条件复杂或有特殊要求的工程，宜进行施工勘察。

但是，也应注意到，各行业设计阶段的划分不完全一致，工程的规模和要求各不相同，场地和地基的复杂程度差别很大，要求每个工程都分阶段勘察是不符合实际也是不必要的。勘察单位应根据任务要求进行相应阶段的勘察工作。

场地较小且无特殊要求的工程可合并勘察阶段。在城市和工业区，一般已经积累了大量工程勘察资料。当建(构)筑物平面布置已经确定且场地或其附近已有岩土工程资料时，可根据实际情况直接进行详细勘察。但对于高层建筑的地基基础，基坑的开挖与支护、工程降水等问题有时相当复杂，如果这些问题都留到详勘时解决，往往因时间仓促而解决不好，故要求对在短时间内不易查明并要求做出明确评价的复杂岩土工程问题，仍宜分阶段进行。

岩土工程既然要服务于工程建设的全过程，当然应当根据任务要求，承担后期的服务工作，协助解决施工和使用过程中遇到的岩土工程问题。

三、各勘察阶段的基本要求

（一）选址或可行性研究勘察

把可行性研究勘察（选址勘察）列为一个勘察阶段，其目的是要强调在可行性研究时勘察工作的重要性，特别是一些大的工程更为重要。按照《地质灾害防治条例》（国务院令第 394 号）和《自然资源部关于加强地质灾害危险性评估工作的通知》（国土资发〔2004〕69 号）的要求，我国从 2004 年起实行建设用地地质灾害危险性评估工作，进一步加强了岩土工程可行性研究勘察工作，尤其是关于场地稳定性工作内容和范围更明确化和具体化。

在本阶段，要求通过收集、分析已有资料进行现场踏勘，必要时，进行工程地质测绘和少量勘探工作，应对拟建场地的稳定性和适宜性做出岩土工程评价，进行技术经济论证和方案比较应符合选择场址方案的要求。

1. 主要工作内容

（1）收集区域地质、地形地貌、地震、矿产、当地的工程地质、岩土工程和建筑经验等资料。

（2）在充分收集和分析已有资料的基础上，通过踏勘了解场地的地层、构造、岩性、不良地质作用和地下水等工程地质条件。

（3）当拟建场地工程地质条件复杂、已有资料不能满足时，应根据具体情况进行工程地质测绘和必要的勘探工作。

（4）应沿主要地貌单元垂直的方向线上布置不少于 2 条地质剖面线。在剖面线上钻孔间距为 400~600 m。钻孔深度一般应穿过软土层进入坚硬稳定地层或至基岩。钻孔内对主要地层宜选取适当数量的试样进行土工试验。在地下水位以下遇粉土或砂层时应进行标准贯入试验。

（5）当有两个或两个以上拟选场地时，应进行比选分析。

2. 主要任务

（1）分析场地的稳定性。

（2）明确选择场地范围和应避开的地段；确定建筑场地时，在工程地质条件方面，宜避开下列地区或地段。

①不良地质现象发育或环境工程地质条件差，对场地稳定性有直接危害或潜在威胁的；

②地基土性质严重不良的；

③对建（构）筑物抗震属危险的；

④洪水、海潮或水流岸边冲蚀有严重威胁或地下水对建筑场地有严重不良影响的；

⑤地下有未开采的有价值矿藏或对场地稳定有严重影响的未稳定的地下采空区。

（3）进行选址方案对比，确定最佳场地方案。选择场地一般要有两个以上场地方案进行比较，主要是从岩土工程条件、对影响场地稳定性和建设适宜性的重大岩土工程问题做出明确的结论和论证，从中选择有利的方案，确定最佳场地方案。

（二）初步勘察

初步勘察是在可行性研究勘察的基础上，对场地内拟建建筑场地的稳定性和适宜性做出进一步的岩土工程评价，为确定建筑总平面布置、主要建（构）筑物地基基础方案和基坑工程方案及对不良地质现象的防治工程方案进行论证，为初步设计或扩大初步设计提供资料，并对下一阶段的详勘工作重点提出建议。

1. 主要工作内容

（1）进行勘察工作前，应详细了解、研究建设设计要求，收集拟建工程的有关文件、工程地质和岩土工程资料、工程场地范围的地形图、建筑红线范围及坐标以及与工程有关的条件（建筑的布置、层数和高度、地下室层数以及设计方的要求等）；充分研究已有勘察资料，查明场地所在的地貌单元。

（2）初步查明地质构造、地层结构、岩土工程特性。

（3）查明场地不良地质作用的成因、分布、规模、发展趋势，判明影响场地和地基稳定性的不良地质因素和特殊性岩土的有关问题，并对场地稳定性做出评价，包括断裂、地裂缝及其活动性，岩溶、土洞及其发育程度，崩塌、滑坡、泥石流、高边坡或岸边的稳定性，调查了解古河道、暗浜、暗塘、洞穴或其他人工地下设施。

（4）对抗震设防烈度大于或等于6度的场地，应对场地和地基的地震效应做出初步评价。应初步评价建筑场地类别，场地属抗震有利、不利或危险地段，液化、震陷可能性，设计需要时应提供抗震设计动力参数。

（5）初步判明特殊性岩土对场地、地基稳定性的影响，季节性冻土地区应调查场地的标准冻结深度。

（6）初步查明地下水埋藏条件，初步判定水和土对建筑材料的腐蚀性。

（7）高层建筑初步勘察时，应对可能采取的地基基础类型、基坑开挖与支护、工程降水方案进行初步分析评价。

2. 初步勘察工作量布置原则

勘探线应垂直地貌单元、地质构造和地层界线布置。

每个地貌单元均应布置勘探点，在地貌单元交接部位和地层变化较大的地段，勘探点应予加密。

在地形平坦地区，可按网格布置勘探点。

岩质地基与岩体特征、地质构造、风化规律有关，且沉积岩与岩浆岩、变质岩，地槽区与地台区情况有很大差别，因此，勘探线和勘探点的布置、勘探孔深度，应根据地质构造、岩体特性、风化情况等，按有关行业、地方标准或当地经验确定。

对土质地基，勘探线、勘探点间距、勘探孔深度、取土试样和原位测试工作以及水文地质工作应符合下列要求，并应布设判明场地、地基稳定性，不良地质作用和桩基持力层所必需的勘探点和勘探深度。

（1）初步勘察勘探线、勘探点间距要求

勘探孔的疏密主要取决于地基的复杂程度，初步勘察勘探线勘探点间距可按表 2-1 确定，局部异常地段应予加密。

表 2-1　初步勘察勘探线、勘探点间距

地基复杂程度等级	勘探线间距 /m	勘探点间距 /m
一级（复杂）	50~100	30~50
二级（中等复杂）	75~150	40~100
三级（简单）	150~300	75~200

（2）初步勘察勘探孔深度要求

初步勘探孔的深度主要决定于建（构）筑物的基础埋深、基础宽度、荷载大小等因素，而实际上初勘时又缺乏这些数据，故可按工程重要性等级分档（表 2-2），表 2-2 给出了一个相当宽的范围，勘察人员可根据具体情况选择。

表 2-2　初步勘察勘探孔深度

工程重要性等级	一般性勘探孔 /m	控制性勘探孔 /m
一级（重要工程）	≥15	≥30
二级（一般工程）	10~15	15~30
三级（次要工程）	6~10	10~20

当遇下列情况之一时，应根据地质条件和工程要求可适当增减勘探孔深度：

①当勘探孔的地面标高与预计整平地面标高相差较大时，应按其差值调整勘探孔深度。

②在预定深度内遇基岩时，除控制性勘探孔仍应钻入基岩适当深度外，其他勘探孔达到确认的基岩后即可终止钻进。

③当预定深度内有厚度较大（超过 3 m）且分布均匀的坚实土层（如碎石土、密实砂、老沉积土等）时，除控制性勘探孔应达到规定深度外，一般勘探孔深度可适当减小。

④当预定深度内有软弱土层时，勘探孔深度应适当增加，部分控制性勘探孔应穿透软弱土层或达到预计控制深度。

⑤对重型工业建筑应根据结构特点和荷载条件适当增加勘探孔深度。以上增减勘探孔深度的规定不仅适用于初勘阶段,也适用于详勘及其他勘察阶段。

(3)初步勘察取土试样和原位测试工作要求

取土试样和进行原位测试的勘探点应结合地貌单元、地层结构和土的工程性质布置,其数量可占勘探孔总数的1/4~1/2。

取土试样的数量和孔内原位测试的竖向间距,应按地层特点和土的均匀程度确定。每层土均应进行取土试样或进行原位测试,其数量不宜少于6个。

(4)初步勘察水文地质工作要求

地下水是岩土工程分析评价的主要因素之一,搞清地下水情况是勘察工作的重要任务。在勘察过程中,应通过资料收集等工作,掌握工程场地所在城市或地区的宏观水文地质条件,包括:

①决定地下水空间赋存状态、类型的宏观地质背景;调查主要含水层和隔水层的分布规律,含水层的埋藏条件,地下水类型、补给和排泄条件,各层地下水位,调查其变化幅度(包括历史最高水位,近3~5年最高水位,水位的变化趋势和影响因素),工程需要时还应设置长期观测孔,设置孔隙水压力装置,量测水头随平面、深度和时间的变化。

②宏观区域和场地内的主要渗流类型。当需绘制地下水等水位线图时,应根据地下水的埋藏条件和层位,统一测量地下水位。

③当地下水有可能浸湿基础时,应采取水试样进行腐蚀性评价。

(三)详细勘察

到了详勘阶段,建筑总平面布置已经确定,单体工程的主要任务是地基基础设计。因此,详细勘察应按单体建筑或建筑群提出详细的岩土工程资料和设计、施工所需的岩土参数;对建筑地基做出岩土工程评价,并对地基类型、基础形式、地基处理、基坑支护、工程降水和不良地质作用的防治等提出建议,符合施工图设计的要求。

1. 详细勘察的主要工作内容和任务

(1)收集附有建筑红线、建筑坐标、地形、±0.00m高程的建筑总平面图,场区的地面整平标高,建(构)筑物的性质、规模、结构类型、特点、层数、总高度、荷载及荷载效应组合、地下室层数,预计的地基基础类型、平面尺寸、埋置深度、地基允许变形要求,勘察场地地震背景、周边环境条件及地下管线和其他地下设施情况及设计方案的技术要求等资料,目的是使勘察工作的布置和岩土工程的评价具有明确的工程针对性,从而解决工程设计和施工中的实际问题。所以,收集有关工程结构资料、了解设计要求是十分重要的工作。

(2)查明不良地质作用的类型、成因、分布范围、发展趋势和危害程度,提出整治方案和建议。

(3)查明建(构)筑物范围内岩土层的类别、深度、分布、工程特性,尤其应查明基础下软弱和坚硬地层分布，以及各岩土层的物理力学性质，分析和评价地基的稳定性、均匀性和承载力；对于岩质的地基和基坑工程，应查明岩石坚硬程度、岩体完整程度、基本质量等级和风化程度；论证采用天然地基基础形式的可行性，对持力层选择、基础埋深等提出建议。

（4）对需进行沉降计算的建（构）筑物，提供地基变形计算参数，预测建（构）筑物的变形特征。

地基的承载力和稳定性是保证工程安全的前提，但工程经验表明，绝大多数与岩土工程有关的事故是变形问题，包括总沉降、差异沉降、倾斜和局部倾斜；变形控制是地基设计的主要原则，故应分析评价地基的均匀性，提供岩土变形参数，预测建（构）筑物的变形特性；勘察单位根据设计单位要求和业主委托，承担变形分析任务，向岩土工程设计延伸，是其发展的方向。

（5）查明埋藏的古河道、沟浜、墓穴、防空洞、孤石等对工程不利的埋藏物。

（6）查明地下水类型、埋藏条件、补给及排泄条件、腐蚀性、初见及稳定水位；提供季节变化幅度和各主要地层的渗透系数；判定水和土对建筑材料的腐蚀性。地下水的埋藏条件是地基基础设计和基坑设计施工十分重要的依据，详勘时应予查明。由于地下水位有季节变化和多年变化，故应提供地下水位及其变化幅度，有关地下水更详细的规定见第五章。

（7）在季节性冻土地区，提供场地土的标准冻结深度。

（8）对抗震设防烈度等于或大于 6 度的地区，应划分场地类别，划分对抗震有利、不利或危险地段；对抗震设防烈度等于或大于 7 度的场地，应评价场地和地基的地震效应。

（9）当建（构）筑物采用桩基础时，应按桩基工程的有关要求进行。当需进行基坑开挖、支护和降水设计时，应按基坑工程的有关规定进行。

（10）工程需要时，详细勘察应论证地基土和地下水在建筑施工和使用期间可能产生的变化及其对工程和环境的影响，提出防治方案、防水设计水位和抗浮设计水位的建议，提供基坑开挖工程应采取的地下水控制措施，当采用降水控制措施时，应分析评价降水对周围环境的影响。

近年来，在城市中大量兴建地下停车场、地下商店等，这些工程的主要特点是“超补偿式基础”，开挖较深，挖土卸载量较大，而结构荷载很小。在地下水位较高的地区，防水和抗浮成了重要问题。高层建筑一般带多层地下室，需进行防水设计，在施工过程中有时也有抗浮问题。在这样的条件下，提供防水设计水位和抗浮设计水位成了关键，这是一个较为复杂的问题，有时需要进行专门论证。

2. 详细勘察工作的布置原则

详细勘察勘探点布置和勘探孔深度，应根据建（构）筑物特性和岩土工程条件确定。对岩质地基，与初勘的指导原则一致，应根据地质构造、岩体特性、风化情况等，结合建（构）筑物对地基的要求，按有关行业、地方标准或当地经验确定；对土质地基，勘探点布置、勘探点间距、勘探孔深度、取土试样和原位测试工作应符合下列要求。

（1）详细勘察的勘探点布置原则

①勘探点宜按建（构）筑物的周边线和角点布置，对无特殊要求的其他建（构）筑物可按建（构）筑物或建筑群的范围布置。

②同一建筑范围内的主要受力层或有影响的下卧层起伏较大时，应加密勘探点，查明其变化。建筑地基基础设计的原则是变形控制，将总沉降、差异沉降、局部倾斜、整体倾斜控制在允许的限度内。影响变形控制最重要的因素是地层在水平方向上的不均匀性，故地层起伏较大时应补充勘探点，尤其是古河道、埋藏的沟浜、基岩面的局部变化等。

③重大设备基础应单独布置勘探点；对重大的动力机器基础和高耸构筑物，勘探点不宜少于3个。

④宜采用钻探与触探相结合的原则，在复杂地质条件、湿陷性土、膨胀土、风化岩和残积土地区，宜布置适量探井。

勘探方法应精心选择，不应单纯采用钻探。触探可以获取连续的定量数据，也是一种原位测试手段；井探可以直接观察岩土结构，避免单纯依据岩芯判断。因此，勘探手段包括钻探、井探、静力触探和动力触探等，应根据具体情况选择。为了发挥钻探和触探的各自特点，宜配合应用。以触探方法为主时，应有一定数量的钻探配合。对复杂地质条件和某些特殊性岩土，布置一定数量的探井是很必要的。

⑤高层建筑的荷载大、重心高，基础和上部结构的刚度大，对局部的差异沉降有较好的适应能力，而整体倾斜是主要控制因素，尤其是横向倾斜。为此，详细勘察的单栋高层建筑勘探点的布置，应满足高层建筑纵横方向对地层结构和地基均匀性的评价要求，需要时还应满足建筑场地整体稳定性分析的要求，满足高层建筑主楼与裙楼差异沉降分析的要求，查明持力层和下卧层的起伏情况。应根据高层建筑平面形状、荷载的分布情况布设勘探点。高层建筑平面为矩形时应按双排布设；为不规则形状时，应在凸出部位的角点和凹进的阴角布设勘探点；在高层建筑层数、荷载和建筑体形变异较大位置处，应布设勘探点；对勘察等级为甲级的高层建筑应在中心点或电梯井、核心筒部位布设勘探点。单幢高层建筑的勘探点数量，对勘察等级为甲级的不应少于5个，乙级不应少于4个。控制性勘探点的数量不应少于勘探点总数的1/3且不少于2个。对密集的高层建筑群，勘探点可适当减少，可按建（构）筑物并结合方格网布设勘探点。相邻的高层建筑，勘探点可互相共用，但每栋建（构）筑物至少应有1个控制性勘探点。

（2）详细勘察勘探点间距确定原则

详细勘察勘探点的间距可按表2-3确定。

表2-3 详细勘察勘探点间距

地基复杂程度等级	间距 /m
一级（复杂）	10~15

续表

地基复杂程度等级	间距 /m
二级（中等复杂）	15~30
三级（简单）	30~50

在暗沟、塘、浜、湖泊沉积地带和冲沟地区，在岩性差异显著或基岩面起伏很大的基岩地区，在断裂破碎带、地裂缝等不良地质作用场地，勘探点间距宜取小值并可适当加密。

在浅层岩溶发育地区，宜采用物探与钻探相配合进行，采用浅层地震勘探和孔间地震 CT 或孔间电磁波 CT 测试，查明溶洞和土洞发育程度、范围和连通性。钻孔间距宜取小值或适当加密，溶洞、土洞密集时宜在每个柱基下布设勘探点。

（3）详细勘察勘探孔深度的确定原则

详细勘察的勘探深度自基础底面算起，应符合下列规定：

①勘探孔深度应能控制地基主要受力层，当基础底面宽度 b 不大于 5 m 时，勘探孔的深度对条形基础不应小于基础底面宽度的 3 倍，对单独柱基不应小于 1.5 倍，且均不应小于 5 m。

②控制性勘探孔是为变形计算服务的，对高层建筑和需作变形计算的地基，控制性勘探孔的深度应超过地基变形计算深度；高层建筑的一般性勘探孔应达到基底下 0.5~1.0 倍的基础宽度，并深入稳定分布的地层。

由于高层建筑的基础埋深和宽度都很大，钻孔比较深，因而钻孔深度适当与否将极大地影响勘察质量好坏、费用多少和周期长短。对天然地基，控制性钻孔的深度应满足以下几个方面的要求：

A. 等于或略深于地基变形计算的深度，满足变形计算的要求；

B. 满足地基承载力和弱下卧层验算的需要；

C. 满足支护体系和工程降水设计的要求；

D. 满足对某些不良地质作用追索的要求。

确定变形计算深度有“应力比法”和“沉降比法”，现行国家标准《建筑地基基础设计规范》（GB 50007-2011）是沉降比法。但对于勘察工作，由于缺乏荷载和模量等数据，用沉降比法确定孔深是无法实施的。过去的规范（GB 50021-94）控制性勘探孔深度的确定办法是将孔深与基础宽度挂钩，虽然简便，但不全面。

现行的勘察规范采用应力比法。地基变形计算深度，对于中、低压缩性土可取附加压力等于上覆土层有效自重压力 20% 的深度；对于高压缩性土层可取附加压力等于上覆土层有效自重压力 10% 的深度。

③对仅有地下室的建筑或高层建筑的裙房，当不能满足抗浮设计要求，需设置抗浮桩或锚杆时，勘探孔深度应满足抗拔承载力评价的要求。建筑总平面内的裙房或仅有地下室部分（或当地基附加压力 ≤0 时）的控制性勘探孔的深度可适当减小，但应深入稳定分布地层，且根据荷载和土质条件不宜小于基底下 0.5~1.0 倍基础宽度；

④当有大面积地面堆载或软弱下卧层时，应适当加深控制性勘探孔的深度。

⑤在上述规定深度内当遇基岩或厚层碎石土等稳定地层时，勘探孔深度可适当调整。

A. 一般性勘探孔，在预定深度范围内，有比较稳定且厚度超过3m的坚硬地层时，可钻入该层适当深度，以能正确定名和判明其性质。如在预定深度内遇软弱地层时应加深或钻穿。

B. 在基岩和浅层岩溶发育地区，当基础底面下的土层厚度小于地基变形计算深度时，一般性钻孔应钻至完整、较完整基岩面；控制性钻孔应深入完整、较完整基岩3~5 m，勘察等级为甲级的高层建筑取大值，乙级取小值；专门查明溶洞或土洞的钻孔深度应深入洞底完整地层3~5 m。

C. 评价土的湿陷性、膨胀性、砂土地震液化、查明地下水渗透性等钻孔深度，应按有关规范的要求确定；在花岗岩残积土地区，应查清残积土和全风化岩的分布深度。在预定深度内遇基岩时，控制性钻孔深度应深入强风化岩3~5 m，勘察等级为甲级的高层建筑宜取大值，乙级可取小值。一般性钻孔达强风化岩顶面即可。

⑥在断裂破碎带、冲沟地段、地裂缝等不良地质作用发育场地及位于斜坡上或坡脚下的高层建筑，当需进行整体稳定性验算时，控制性勘探孔的深度应根据具体条件满足评价和验算的要求；对于基础侧旁开挖，需验算稳定时，控制性钻孔达到基底下2倍基宽时可以满足要求；对于建筑在坡顶和坡上的建（构）筑物，应结合边坡的具体条件，根据可能的破坏模式确定孔深。

⑦当需确定场地抗震类别而邻近无可靠的覆盖层厚度资料时，应布置至少一个钻孔波速测试孔，其深度应满足划分建筑场地类别对覆盖层厚度的要求。

⑧大型设备基础勘探孔深度不宜小于基础底面宽度的2倍。

⑨当需进行地基处理时，勘探孔深度应满足地基处理的有关设计与施工要求；当采用桩基时，勘探孔深度应满足桩基工程的有关要求。

（4）详细勘察取土试样和原位测试工作要求

①采取土试样和进行原位测试的勘探点数量，应根据地层结构、地基土的均匀性和工程特点确定，且不应少于勘探点总数的1/2，钻探取土孔的数量不应少于勘探孔总数的1/3，对地基基础设计等级为甲级的建（构）筑物每栋不应少于3个；勘察等级为甲级的单幢高层建筑不宜少于全部勘探点总数的2/3，且不应少于4个。

原位测试是指静力触探、动力触探、旁压试验、扁铲侧胀试验和标准贯入试验等。考虑到软土地区取样困难，原位测试能较准确地反映土性指标，因此，可将原位测试点作为取土测试勘探点。

②每个场地每一主要土层的原状土试样或原位测试数据不应少于6件（组）。由于土性指标的变异性，单个指标不能代表土的工程特性，必须通过统计分析确定其代表值，故规定了原状土试样和原位测试的最少数量，以满足统计分析的需要。当场地较小时，可利用场地邻近的已有资料。对“较小”的理解可考虑为单幢一般多层建筑场地；“邻

近”场地资料可认为紧靠的同一地质单元的资料，若必须有个量的概念，以距场地不大于50m的资料为好。

为了保证不扰动土试样和原位测试指标有一定数量，规范规定基础底面下1.0倍基础宽度内采样及试验点间距为1~2 m，以下根据土层变化情况适当加大距离，且在同一钻孔中或同一勘探点采取土试样和原位测试宜结合进行。

静力触探和动力触探是连续贯入，不能用次数来统计，应在单个勘探点内按层统计，再在场地（或工程地质分区）内按勘探点统计。每个场地不应少于3个孔。

③在地基主要受力层内，对厚度大于0.5 m的夹层或透镜体，应采取土试样或进行原位测试。规范没有规定具体数量的要求，可根据工程的具体情况和地区的规定确定。南京市规定，土层厚度大于1 m的稳定地层应满足规范的条款，厚度小于1 m时原状土样不少于4件。

④当土层性质不均匀时，应增加取土数量或原位测试工作量。

⑤地基载荷试验是确定地基承载力比较可靠的方法，对勘察等级为甲级的高层建筑或工程经验缺乏或研究程度较差的地区，宜布设载荷试验确定天然地基持力层承载力特征值和变形参数。

（四）施工勘察

对于施工勘察不作为一个固定阶段，应视工程的实际需要而定。当工程地质条件复杂或有特殊施工要求的重大工程地基时，需要进行施工勘察。施工勘察包括施工阶段的勘察和竣工后一些必要的勘察工作（如检验地基加固效果等），因此，施工勘察并不是专指施工阶段的勘察。

当遇下列情况之于时，应配合设计施工单位进行施工勘察：

1. 基坑或基槽开挖后，岩土条件与勘察资料不符或发现必须查明的异常情况时，应进行施工勘察。

2. 在地基处理及深基开挖施工中，宜进行检验和监测工作。

3. 地基中溶洞或土洞较发育，应查明并提出处理建议。

4. 施工中出现边坡失稳危险时应查明原因，进行监测并提出处理建议。

第二节　桩基工程

桩基础又称桩基，它是一种常用而古老的深基础形式。桩基础可以将上部结构的荷载相对集中地传递到深处合适的坚硬地层中去，以保证上部结构对地基稳定性和沉降量的要求。由于桩基础具有承载力高、稳定性好、沉降稳定快和沉降变形小、抗震能力强以及能够适应各种复杂地质条件等特点，因此在工程中得到广泛应用。

桩基按照承载性状可分为摩擦型桩（摩擦桩和端承摩擦桩）和端承型桩（端承桩和摩擦端承桩）两类；按成桩方法分为非挤土桩、部分挤土桩和挤土桩三类；按桩径大小可分为小直径桩（d≤250 mm）、中等直径桩（250≤d≤800 mm）和大直径桩（d≥800 mm）。

一、主要工作内容

1. 查明场地各层岩土的类型、深度、分布、工程特性和变化规律。

2. 当采用基岩作为桩的持力层时，应查明基岩的岩性、构造、岩面变化、风化程度。包括产状、断裂、裂隙发育程度以及破碎带宽度和充填物等，除通过钻探、井探手段外，还可根据具体情况辅之以地表露头的调查测绘和物探等方法。确定其坚硬程度、完整程度和基本质量等级，这对于选择基岩为桩基持力层时是非常必要的；判定有无洞穴、临空面破碎岩体或软弱岩层，这对桩的稳定是非常重要的。

3. 查明水文地质条件，评价地下水对桩基设计和施工的影响，判定水质对建筑材料的腐蚀性。

4. 查明不良地质作用、可液化土层和特殊性岩土的分布及其对桩基的危害程度，并提出防治措施的建议。

5. 对桩基类型、适宜性、持力层选择提出建议；提供可选的桩基类型和桩端持力层；提出桩长、桩径方案的建议；提供桩的极限侧阻力、极限端阻力和变形计算的有关参数；对成桩可行性、施工时对环境的影响及桩基施工条件、应注意的问题等进行论证评价并提出建议。

桩的施工对周围环境的影响，包括打入预制桩和挤土成孔的灌注桩的振动、挤土对周围既有建筑物、道路、地下管线设施和附近精密仪器基础设备等带来的危害以及噪声等公害。

二、勘探点布置要求

1. 端承型桩

（1）勘探点应按柱列线布设，其间距应能控制桩端持力层层面和厚度的变化，宜为12~24 m。

（2）在勘探过程中发现基岩中有断层破碎带或桩端持力层为软、硬互层，或相邻勘探点所揭露桩端持力层层面坡度超过10%，且单向倾伏时，钻孔应适当加密。

（3）荷载较大或复杂地基的一柱一桩工程，应为每柱设置勘探点；复杂地基是指端承型桩端持力层岩土种类多、很不均匀、性质变化大的地基，且一柱一桩往往采用大口径桩，荷载很大，一旦出现差错或事故，将影响大局，难以弥补和处理，结构设计上也要求更严。在实际工程中，每个桩位都需有可靠的地质资料，故规定按柱位布孔。

（4）岩溶发育场地、溶沟、溶槽、溶洞很发育，显然属复杂场地，此时若以基岩作为桩端持力层，应按柱位布孔。但单纯钻探工作往往还难以查明其发育程度和发育规律，故应辅之以有效的地球物理勘探方法。近年来地球物理勘探技术发展很快，有效的方法有电法、地震法（浅层折射法或浅层反射法）及钻孔电磁波透视法等。查明溶洞和土洞范围和连通性。查明拟建场地范围及有影响地段的各种岩溶洞隙和土洞的发育程度、位置、规模、埋深、连通性、岩溶堆填物性状和地下水特征。连通性系指土洞与溶洞的连通性、溶洞本身的连通性和岩溶水的连通性。

（5）控制性勘探点不应少于勘探点总数的 1/3。

2. 摩擦型桩

（1）勘探点应按建筑物周边或柱列线布设，其间距宜为 20~35m。当相邻勘探点揭露的主要桩端持力层或软弱下卧层层位变化较大，影响到桩基方案选择时，应适当加密勘探点。带有裙房或外扩地下室的高层建筑，布设勘探点时应与主楼一同考虑。

（2）桩基工程勘探点数量应视工程规模而定，勘察等级为甲级的单幢高层建筑勘探点数量不宜少于 5 个，乙级不宜少于 4 个，对于宽度大于 35 m 的高层建筑，其中心应布置勘探点。

（3）控制性的勘探点应占勘探点总数的 1/3~1/2。

三、桩基岩土工程勘察勘探方法要求

对于桩基勘察不能采用单一的钻探取样手段，桩基设计和施工所需的某些参数单靠钻探取土是无法取得的，而原位测试有其独特之处。我国幅员广阔，各地区地质条件不同，难以统一规定原位测试手段。因此，应根据地区经验和地质条件选择合适的原位测试手段与钻探配合进行，对软土、黏性土、粉土和砂土的测试手段，宜采用静力触探和标准贯入试验；对碎石土宜采用重型或超重型圆锥动力触探。如在上海等软土地基条件下，静力触探已成为桩基勘察中必不可少的测试手段，砂土采用标准贯入试验也颇为有效，而在成都、北京等地区的卵石层地基中，重型和超重型圆锥动力触探为选择持力层起到了很好的作用。

第三节　基坑工程

目前基坑工程的勘察很少单独进行，大多数是与地基勘察一并完成的。但是由于有些勘察人员对基坑工程的特点和要求不很了解，因而提供的勘察成果不一定能满足基坑支护设计的要求。例如，对采用桩基的建筑地基勘察往往对持力层、下卧层研究较仔细，而忽略浅部土层的划分和取样试验；侧重于针对地基的承载性能提供土质参数，而忽略支护设计所需要的参数；只在划定的轮廓线以内进行勘探工作，而忽略对周边的调查了解等。因深基坑开挖属于施工阶段的工作，一般设计人员提供的勘察任务委托书可能不会涉及这方面的内容。因此，勘察部门应根据基坑的开挖深度、岩土和地下水条件以及

周边环境等参照本节的内容进行认真仔细的工作。

岩质基坑的勘察要求和土质基坑有较大差别，到目前为止，我国基坑工程的经验主要在土质基坑方面，岩质基坑的经验较少。故本节内容主要针对土质基坑。对岩质基坑，应根据场地的地质构造、岩体特征、风化情况、基坑开挖深度等，根据实际情况参照本章第四节有关内容或按当地标准或当地经验进行勘察。

一、基坑侧壁的安全等级

根据支护结构的极限状态分为承载能力极限状态和正常使用极限状态。承载能力极限状态对应于支护结构达到最大承载能力或土体失稳、过大变形导致支护结构或基坑周边环境破坏，表现为由任何原因引起的基坑侧壁破坏；正常使用极限状态对应于支护结构的变形已妨碍地下结构施工或影响基坑周边环境的正常使用功能，主要表现为支护结构的变形而影响地下室侧墙施工及周边环境的正常使用。承载能力极限状态应对支护结构承载能力及基坑土体出现的可能破坏进行计算，正常使用极限状态的计算主要是对结构及土体的变形计算。

基坑侧壁安全等级的划分与重要性系数是对支护设计、施工的重要性认识及计算参数的定量选择的依据。侧壁安全等级划分是一个难度很大的问题，很难定量说明，我国现行的《建筑基坑支护技术规程》（JGJ 120-2012）是以国家标准《工程结构可靠性设计统一标准》（GB50153-2008）中对结构安全等级确定的原则，以支护结构破坏后果严重程度（很严重、严重及不严重）三种情况将支护结构划分为三个安全等级，对其重要性系数选用。

对支护结构安全等级采用原则性划分方法而未采用定量划分方法，是考虑到基坑深度、周边建筑物距离及埋深、结构及基础形式、土的性状等因素对破坏后果的影响程度难以用统一标准界定，不能保证普遍适用，定量化的方法对具体工程可能会出现不合理的情况。

在支护结构设计时应根据基坑侧壁的不同条件因地制宜进行安全等级确定。应掌握的原则是：基坑周边存在受影响的既有重要住宅、公共建筑、道路或地下管线时，或因场地的地质条件复杂、缺少同类地质条件下相近基坑深度的经验时，支护结构破坏、基坑失稳或过大变形对人的生命、经济、社会或环境影响很大，安全等级应定为一级。当支护结构破坏、基坑过大变形不会危及人的生命、经济损失轻微、对社会或环境影响不大时，安全等级可定为三级。对大多数基坑应该定为二级。

支护结构设计应考虑其结构水平变形、地下水的变化对周边环境的水平与竖向变形的影响，对于安全等级为一级和对周边环境变形有限定要求的二级建筑基坑侧壁，应根据周边环境的重要性、对变形的适应能力及土的性质等因素确定支护结构的水平变形限值。在正常使用极限状态条件下，安全等级为一、二级的基坑变形影响基坑支护结构的正常功能，目前支护结构的水平限值还不能给出全国都适用的具体数值，各地区可根据具体工程的周边环境等因素确定。对于周边建筑物及管线的竖向变形限值可根据有关规范确定。

二、勘察要求

1. 主要工作内容

基坑工程勘察主要是为深基坑支护结构设计和基坑安全稳定开挖施工提供地质依据。因此，需进行基坑设计的工程，应与地基勘察同步进行基坑工程勘察。但基坑支护设计和施工对岩土工程勘察的要求有别于主体建筑的要求，勘察的重点部位是基坑外对支护结构和周边环境有影响的范围，而主体建筑的勘察孔通常只需布置在基坑范围以内。

初步勘察阶段应根据岩土工程条件、收集工程地质和水文地质资料，并进行工程地质调查，必要时可进行少量的补充勘察和室内试验，初步查明场地环境情况和工程地质条件，预测基坑工程中可能产生的主要岩土工程问题；详细勘察阶段应针对基坑工程设计的要求进行勘察，在详细查明场地工程地质条件的基础上，判断基坑的整体稳定性，预测可能的破坏模式，为基坑工程的设计、施工提供基础资料，对基坑工程等级、支护方案提出建议；在施工阶段，必要时尚应进行补充勘察。勘察的具体内容包括：

（1）查明与基坑开挖有关的场地条件、土质条件和工程条件。

（2）查明邻近建筑物和地下设施的现状、结构特点以及对开挖变形的承受能力。

（3）提出处理方式、计算参数和支护结构选型的建议。

（4）提出地下水控制方法、计算参数和施工控制的建议。

（5）提出施工方法和施工中可能遇到问题的防治措施的建议。

（6）提出施工阶段的环境保护和监测工作的建议。

2. 勘探的范围、勘探点的深度和间距的要求

勘探范围应根据基坑开挖深度及场地的岩土工程条件确定，基坑外宜布置勘探点。

（1）勘探的范围和间距的要求

勘察的平面范围宜超出开挖边界外开挖深度的2~3倍。在深厚软土区，勘察深度和范围尚应适当扩大。考虑到在平面扩大勘察范围可能会遇到困难（超越地界、周边环境条件制约等），因此在开挖边界外，勘察手段以调查研究、收集已有资料为主，由于稳定性分析的需要，或布置锚杆的需要，必须有实测地质剖面，故应适量布置勘探点。勘探点的范围不宜小于开挖边界外基坑开挖深度的1倍。当需要采用锚杆时，基坑外勘察点的范围不宜小于基坑深度的2倍，这主要是满足整体稳定性计算所需范围；当周边有建筑物时，也可从旧建筑物的勘察资料上查取。

勘探点应沿基坑周边布置，其间距应视地层条件而定，宜取15~25m；当场地存在软弱土层、暗沟或岩溶等复杂地质条件时，应加密勘探点并查明分布和工程特性。

（2）勘探点深度的要求

由于支护结构主要承受水平力，因此，勘探点的深度以满足支护结构设计要求深度为宜，对于软土地区，支护结构一般需穿过软土层进入相对硬层。勘探孔的深度不宜小于基坑深度的 2 倍，一般宜为开挖深度的 2~3 倍。在此深度内遇到坚硬黏性土碎石土和岩层，可根据岩土类别和支护设计要求减少深度。基坑面以下存在软弱土层或承压含水层时，勘探孔深度应穿过软弱土层或承压含水层。为降水或截水设计需要，控制性勘探孔应穿透主要含水层进入隔水层一定深度；在基坑深度内，遇微风化基岩时，一般性勘探孔应钻入微风化岩层 1~3 m，控制性勘探孔应超过基坑深度 1~3 m；控制性勘探点宜为勘探点总数的 1/3，且每一基坑侧边不宜少于 2 个控制性勘探点。

基坑勘察深度范围为基坑深度的 2 倍，大致相当于在一般土质条件下悬臂桩墙的嵌入深度。在土质特别软弱时可能需要更大的深度。但因为一般地基勘察的深度比这更大，所以对结合建筑物勘探所进行的基坑勘探，勘探深度满足要求一般不会有问题。

3. 岩土工程测试参数要求

在受基坑开挖影响和可能设置支护结构的范围内，应查明岩土分布，分层提供支护设计所需的岩土参数，具体包括：

（1）岩土不扰动试样的采取和原位测试的数量，应保证每一主要岩土层有代表性的数据分别不少于 6 组（个），室内试验的主要项目是含水量、重度、抗剪强度和渗透系数；土的常规物理试验指标中含水量 w 及土体重度 γ 是分析计算所需的主要参数。

（2）土的抗剪强度指标：抗剪强度是支护设计最重要的参数，但不同的试验方法（有效应力法或总应力法、直剪或三轴、UU 或 CU）可能得出不同的结果。勘察时应按照设计所依据的规范、标准要求进行试验，分层提供设计所需的抗剪强度指标，土的抗剪强度试验方法应与基坑工程设计要求一致，符合设计采用的标准，并应在勘察报告中说明。

当土压力及水压力计算、土的各类稳定性验算时，土、水压力的分、合算方法及相应的土的抗剪强度指标类别应符合下列规定：

①对地下水位以上的黏性土、黏质粉土、土的抗剪强度指标应采用三轴固结不排水抗剪强度指标 C_{cu}、ϕ_{cu} 或直剪固结快剪强度指标 C_{cq}、ϕ_{cq}，对地下水位以上的砂质粉土、砂土、碎石土，土的抗剪强度指标应采用有效应力强度指标 c'、ϕ'。

②对地下水位以下的黏性土、黏质粉土，可采用土压力、水压力合算方法；此时，对正常固结和超固结土，土的抗剪强度指标应采用三轴固结不排水抗剪强度指标 C_{cu}、ϕ_{cu} 或直剪固结快剪强度指标 C_{cq}、ϕ_{cq}，对欠固结土，宜采用有效自重应力下预固结的三轴固结不排水抗剪强度指标 C_{cu}、ϕ_{cu}。

③对地下水位以下的砂质粉土、砂土和碎石土，应采用土压力、水压力分算方法；此时，土的抗剪强度指标应采用有效应力强度指标 c'、ϕ'，对砂质粉土，缺少有效应力强度指标时，也可采用三轴固结不排水抗剪强度指标 C_{cu}、ϕ_{cu} 或直剪固结快剪强度指标 C_{cq}、ϕ_{cq} 代替，对砂土和碎石土，有效应力强度指标 ϕ' 可根据标准贯入试验实测击数

和水下休止角等物理力学指标取值；土压力、水压力采用分算时，水压力可按静水压力计算；当地下水渗流时，宜按渗流理论计算水压力和土的竖向有效应力；当存在多个含水层时，应分别计算各含水层的水压力。

④有可靠的地方经验时，土的抗剪强度指标尚可根据室内、原位试验得到的其他物理力学指标，按经验方法确定。

支护结构基坑外侧荷载及基坑内侧抗力计算的主要参数是抗剪强度指标 C、ϕ，由于直剪试验测取参数离散性较大，特别是对于软土，无经验的设计人员可能会过大地取用 C、ϕ 值，因此一般宜采用三轴试验的固结快剪强度指标 C、ϕ，但有可靠经验时可用简单方便的直剪试验。

从理论上说基坑开挖形成的边坡是侧向卸荷，其应力路径是 σ1 不变，σ3 减小，明显不同于承受建筑物荷载的地基土。另外有些特殊性岩土（如超固结老黏性土、软质岩），开挖暴露后会发生应力释放、膨胀、收缩开裂、浸水软化等现象，强度急剧衰减，因此选择用于支护设计的抗剪强度参数，应考虑开挖造成的边界条件改变、地下水条件的改变等影响，对超固结土原则上取值应低于原状试样的试验结果。为了避免个别勘察项目抗剪强度试验数据粗糙对直接取用抗剪强度试验参数所带来的设计不安全或不合理现象，选取土的抗剪强度指标时，尚需将剪切试验的抗剪强度指标与土的其他室内与原位试验的物理力学参数进行对比分析，判定其试验指标的可靠性，防止误用。当抗剪强度指标与其他物理力学参数的相关性较差，或岩土勘察资料中缺少符合实际基坑开挖条件的试验方法的抗剪强度指标时，在有经验时应结合类似工程经验和相邻、相近场地的岩土勘察试验数据并通过可靠的综合分析判断后合理取值。缺少经验时，则应取偏于安全的试验方法得出的抗剪强度指标。

（3）室内或原位试验测试土的渗透系数，渗透系数 k 是降水设计的基本指标。

（4）特殊条件下应根据实际情况选择其他适宜的试验方法测试设计所需参数。对一般黏性土宜进行静力触探和标准贯入试验；对砂土和碎石土宜进行标准贯入试验和圆锥动力触探试验；对软土宜进行十字板剪切试验；当设计需要时可进行基床系数试验或旁压试验、扁铲侧胀试验。

4. 水文地质条件勘察的要求

深基坑工程的水文地质勘察工作不同于供水水文地质勘察工作，其目的应包括两个方面：一是满足降水设计（包括降水井的布置和井管设计）的需要，二是满足对环境影响评估的需要。前者按通常供水水文地质勘察工作的方法即可满足要求，后者因涉及问题很多，要求更高。降水对环境影响评估需要对基坑外围的渗流进行分析，研究流场优化的各种措施，考虑降水延续时间长短的影响。因此，要求勘察对整个地层的水文地质特征作更详细的了解。

当场地水文地质条件复杂、在基坑开挖过程中需要对地下水进行控制（降水或隔渗）且已有资料不能满足要求时，应进行专门的水文地质勘察。应达到以下要求：

（1）查明开挖范围及邻近场地地下水含水层和隔水层的层位、埋深、厚度和分布情况，判断地下水类型、补给和排泄条件；有承压水时，应分层量测其水头高度。当含水层为卵石层或含卵石颗粒的砂层时，应详细描述卵石的颗粒组成、粒径大小和黏性土含量；这是因为卵石粒径的大小对设计施工时选择截水方案和选用机具设备有密切的关系，例如，当卵石粒径大、含量多，采用深层搅拌桩形成帷幕截水会有很大困难，甚至不可能。

（2）当基坑需要降水时，宜采用抽水试验测定场地各含水层的渗透系数和渗透影响半径；勘察报告中应提出各含水层的渗透系数。当附近有地表水体时，宜在其间布设一定数量的勘探孔或观测孔；当场地水文地质资料缺乏或在岩溶发育地区，必要时宜进行单孔或群孔分层抽水试验、测渗透系数、影响半径，单井涌水量等水文地质参数。

（3）分析施工过程中水位变化对支护结构和基坑周边环境的影响，提出应采取的措施。

（4）当基坑开挖可能产生流沙、流土、管涌等渗透性破坏时，应有针对性地进行勘察，分析评价其产生的可能性及对工程的影响。当基坑开挖过程中有渗流时，地下水的渗流作用宜通过渗流计算确定。

5. 基坑周边环境勘察要求

周边环境是基坑工程勘察、设计、施工中必须首先考虑的问题，环境保护是深基坑工程的重要任务之一，在建筑物密集、交通流量大的城区尤其突出，在进行这些工作时应有"先人后己"的概念。因为对周边建（构）筑物和地下管线情况缺乏准确了解或忽视，就盲目开挖造成损失的事例很多，有的后果十分严重，所以基坑工程勘察应进行环境状况调查，设计、施工才能有针对性地采取有效保护措施。基坑周边环境勘察有别于一般的岩土勘察，调查对象是基坑支护施工或基坑开挖可能引起基坑之外产生破坏或失去平衡的物体，是支护结构设计的重要依据之一。周边环境的复杂程度是决定基坑工程安全等级、支护结构方案选型等最重要的因素之一，勘察最后的结论和建议亦必须充分考虑对周边环境影响。

勘察时，委托方应提供周边环境的资料，当不能取得时，勘察人员应通过委托方主动向有关单位收集有关资料，必要时，业主应专项委托勘察单位采用开挖、物探、专用仪器等进行探测。对地面建筑物可通过观察访问和查阅档案资料进行了解，查明邻近建筑物和地下设施的现状、结构特点以及对开挖变形的承受能力。在城市地下管网密集分布区，可通过地面标志、档案资料进行了解。有的城市地理信息系统，能提供更详细的资料，了解管线的类别、平面位置、埋深和规模。如确实收集不到资料，必要时应采用开挖、物探、专用仪器或其他有效方法进行地下管线探测。

基坑周边环境勘察应包括以下具体内容：

（1）影响范围内既有建筑物的结构类型、层数、位置、基础形式和尺寸、埋深、基础荷载大小及上部结构现状、使用年限、用途。

（2）基坑周边的各种既有地下管线（包括上、下水、电缆、煤气、污水、雨水、热力等）、地下构筑物的类型、位置、尺寸、埋深等；对既有供水、污水、雨水等地下输水管线，尚应包括其使用状况和渗漏状况。

（3）道路的类型、位置、宽度、道路行驶情况、最大车辆荷载等。

（4）基坑开挖与支护结构使用期内施工材料、施工设备等临时荷载的要求。

（5）雨期时的场地周围地表水汇流和排泄条件。

6. 特殊性岩土的勘察要求

在特殊性岩土分布区进行基坑工程勘察时，可根据相关规范的规定进行勘察，对软土的蠕变和长期强度、软岩和极软岩的失水崩解、膨胀土的膨胀性和裂隙性以及非饱和土增湿软化等对基坑的影响进行分析评价。

三、基坑岩土工程评价要求：

基坑工程勘察，应根据开挖深度、岩土和地下水条件以及环境要求，对基坑边坡的处理方式提出建议。

基坑工程勘察应针对深基坑支护设计的工作内容进行分析，作为岩土工程勘察，应在岩土工程评价方面有一定的深度。只有通过比较全面的分析评价，提供有关计算参数，才能使支护方案选择的建议更为确切，更有依据。深基坑支护设计的具体工作内容包括：

1. 边坡的局部稳定性、整体稳定性和坑底抗隆起稳定性。

2. 坑底和侧壁的渗透稳定性。

3. 挡土结构和边坡可能发生的变形。

4. 降水效果和降水对环境的影响。

5. 开挖和降水对邻近建筑物和地下设施的影响。

地下水的妥当处理是支护结构设计成功的基本条件，也是侧向荷载计算的重要指标，是基坑支护结构能否按设计完成预定功能的重要因素之一，因此，应认真查明地下水的性质，并对地下水可能影响周边环境提出相应的治理措施供设计人员参考。在基坑及地下结构施工过程中应采取有效的地下水控制方法。当场地内有地下水时，应根据场地及周边区域的工程地质条件、水文地质条件、周边环境情况和支护结构与基础形式等因素，确定地下水控制方法。当场地周围有地表水汇流、排泄或地下水管渗漏时，应对基坑采取保护措施。

降水消耗水资源。我国是水资源贫乏的国家，应尽量避免降水，保护水资源。降水对环境会有或大或小的影响，对环境影响的评价目前还没有成熟的、得到公认的方法。一些规范、规程、规定上所列的方法是根据水头下降在土层中引起的有效应力增量和各土层的压缩模量分层计算地面沉降，这种粗略方法计算结果并不可靠。根据武汉地区的经验，降水引起的地面沉降与水位降幅、土层剖面特征、降水延续时间等多种因素有关；而建筑物受损害的程度不仅与动水位坡降有关，而且还与土层水平方向压缩性的变化和建筑物的结构特点有关。地面沉降最大区域和受损害建筑物不一定都在基坑近旁，可能在远离基坑外的某处。因此，评价降水对环境的影响主要依靠调查了解地区经验，有条件时宜进行考虑时间因素的非稳定流渗流场分析和压缩层的固结时间过程分析。

第四节　建筑边坡工程

建筑边坡是指在建（构）筑物场地或其周边，由建（构）筑物和市政工程开挖或填筑施工所形成的人工边坡和对建（构）筑物安全或稳定有影响的自然边坡。

一、建筑边坡类型

根据边坡的岩土成分，可分为岩质边坡和土质边坡。土与岩石不仅在力学参数值上存在很大的差异，其破坏模式、设计及计算方法等也有很大的差别。土质边坡的主要控制因素是土的强度，岩质边坡的主要控制因素一般是岩体的结构面。无论何种边坡，地下水的活动都是影响边坡稳定的重要因素。进行边坡工程勘察时，应根据具体情况有所侧重。

二、岩质边坡破坏形式和边坡岩体分类

1. 岩质边坡破坏形式

岩质边坡破坏形式的确定是边坡支护设计的基础。众所周知，不同的破坏形式应采用不同的支护设计。岩质边坡的破坏形式宏观的可分为滑移型和崩塌型两大类。实际上这两类破坏形式是难以截然划分的，故支护设计中不能生搬硬套，而应根据实际情况进行设计。

2. 边坡岩体分类

边坡岩体分类是边坡工程勘察中非常重要的内容，是支护设计的基础。确定岩质边坡的岩体类型应考虑主要结构面与坡向的关系、结构面的倾角大小、结合程度、岩体完整程度等因素。本分类主要是从岩体力学观点出发，强调结构面对边坡稳定的控制作用，对边坡岩体进行侧重稳定性的分类。建筑边坡高度一般不大于 50 m，在 50 m 高的岩体自重作用下是不可能将中、微风化的软岩、较软岩、较硬岩及硬岩剪断的。也就是说，中、微风化岩石的强度不是构成影响边坡稳定的重要因素。

当无外倾结构面及外倾不同结构面组合时，完整、较完整的坚硬岩、较硬岩宜划为Ⅰ类，较破碎的坚硬岩、较硬岩宜划为Ⅱ类；完整、较完整的较软岩、软岩宜划为Ⅱ类，较破碎的较软岩、软岩宜划为Ⅲ类。

确定岩质边坡的岩体类型时，由坚硬程度不同的岩石互层组成且每层厚度小于或等于 5 m 的岩质边坡宜视为由相对软弱岩石组成的边坡。当边坡岩体由两层以上单层厚度大于 5 m 的岩体组合时，可分段确定边坡类型。

3. 边坡工程安全等级

边坡工程应按其破坏后可能造成的破坏后果(危及人的生命、造成经济损失、产生社会不良影响)的严重性、边坡类型和坡高等因素确定安全等级。

边坡工程安全等级是支护工程设计,是施工中根据不同的地质环境条件及工程具体情况加以区别对待的重要标准。

边坡安全等级分类的原则,除根据《工程结构可靠性设计统一标准》(GB 50153-2008)按破坏后果严重性分为很严重、严重和不严重外,尚考虑了边坡稳定性因素(岩土类别和坡高)。从边坡工程事故原因分析看,高度大、稳定性差的边坡(土质软弱、滑坡区、外倾软弱结构面发育的边坡等)发生事故的概率较高,破坏后果也较严重,因此将稳定性很差的、坡高较大的边坡划入一级边坡。

破坏后果很严重、严重的下列建筑边坡工程,其安全等级应定为一级:

(1)由外倾软弱结构面控制的边坡工程。

(2)危岩、滑坡地段的边坡工程。

(3)边坡塌滑区内或边坡塌方影响区内有重要建(构)筑物的边坡工程。

破坏后果不严重的上述边坡工程的安全等级可定为二级。

建筑边坡场地有无不良地质现象是建筑物及建筑边坡选址首先必须考虑的重大问题。显然在滑坡、危岩及泥石流规模大、破坏后果严重、难以处理的地段规划建筑场地是难以满足安全可靠、经济合理的原则的,何况自然灾害的发生也往往不以人们的意志为转移。因此在规模大、难以处理的、破坏后果很严重的滑坡、危岩、泥石流及断层破碎带地区不应修筑建筑边坡。

在山区建设工程时宜根据地质、地形条件及工程要求,因地制宜设置边坡,避免形成深挖高填的边坡工程。对稳定性较差且坡高较大的边坡宜采用后仰放坡或分阶放坡,这样有利于减小侧压力,提高施工期的安全和降低施工难度。分阶放坡时水平台阶应有足够宽度,否则应考虑上阶边坡对下阶边坡的荷载影响。

三、边坡工程勘察的主要工作内容

边坡工程勘察应查明下列内容:

1. 场地地形和场地所在的地貌单元。

2. 岩土的时代、成因、类型、性状、覆盖层厚度、基岩面的形态和坡度、岩石风化和完整程度。

3. 岩、土体的物理力学性能。

4. 主要结构面特别是软弱结构面的类型、产状、发育程度、延伸程度、结合程度、充填状况、充水状况、组合关系、力学属性和与临空面关系。

5. 地下水的水位、水量、类型、主要含水层分布情况、补给和动态变化情况。

6. 岩土的透水性和地下水的出露情况。

7. 不良地质现象的范围和性质。

8. 地下水、土对支挡结构材料的腐蚀性。

9. 坡顶邻近（含基坑周边）建（构）筑物的荷载、结构、基础形式和埋深，地下设施的分布和埋深。

分析边坡和建在坡顶、坡上建筑物的稳定性对坡下建筑物的影响；在查明边坡工程地质和水文地质条件的基础上，确定边坡类别和可能的破坏形式，评价边坡的稳定性，对所勘察的边坡工程是否存在滑坡（或潜在滑坡）等不良地质现象以及开挖或构筑的适宜性做出评价，提出最优坡形和坡角的建议，提出不稳定边坡整治措施、施工注意事项和监测方案的建议。

四、边坡工程勘察工作要求

1. 勘察等级的划分

边坡地质环境复杂程度可按下列标准判别：

（1）地质环境复杂：组成边坡的岩土种类多，强度变化大，均匀性差，土质边坡潜在滑面多，岩质边坡受外倾结构面或外倾不同结构面组合控制，水文地质条件复杂。

（2）地质环境中等复杂：介于地质环境复杂与地质环境简单之间。

（3）地质环境简单：组成边坡的岩土种类少，强度变化小，均匀性好，土质边坡潜在滑面少，岩质边坡不受外倾结构面或外倾不同结构面组合控制，水文地质条件简单。

2. 勘察阶段的划分

地质条件和环境条件复杂、有明显变形迹象的一级边坡工程以及边坡邻近有重要建（构）筑物的边坡工程、超过《建筑边坡工程技术规范》（GB 50330-2013）适用范围的边坡工程均应进行专门性边坡岩土工程勘察，为边坡治理提供充分的依据，以达到安全、合理地整治边坡的目的；二、三级建筑边坡工程作为主体建筑的环境时要求进行专门性的边坡勘察往往是不现实的，可结合对主体建筑场地勘察一并进行，但应满足边坡勘察的深度和要求，勘察报告中应有边坡稳定性评价的内容。

边坡岩土体的变异性一般都比较大，对于复杂的岩土边坡很难在一次勘察中就将主要的岩土工程问题全部查明；对于一些大型边坡，设计往往也是分阶段进行的。因此，大型的和地质环境条件复杂的边坡宜分阶段勘察；当地质环境条件复杂时，岩土差异性就表现得更加突出，往往即使进行了初勘、详勘还不能准确地查明某些重要的岩土工程问题。因此，地质环境复杂的一级边坡工程尚应进行施工勘察。

各阶段应符合下列要求：

（1）初步勘察应收集地质资料，进行工程地质测绘和少量的勘探和室内试验，初步评价边坡的稳定性。

（2）详细勘察应对可能失稳的边坡及相邻地段进行工程地质测绘、勘探、试验、观测和分析计算，做出稳定性评价，对人工边坡提出最优开挖坡角；对可能失稳的边坡提出防护处理措施的建议。

（3）施工勘察应配合施工开挖进行地质编录、核对、补充前阶段的勘察资料，必要时进行施工安全预报，提出修改设计的建议。

边坡工程勘察前除应收集边坡及邻近边坡的工程地质资料外，尚应取得以下资料：

（1）附有坐标和地形的拟建边坡支挡结构的总平面布置图。

（2）边坡高度、坡底高程和边坡平面尺寸。

（3）拟建场地的整平高程和挖方、填方情况。

（4）拟建支挡结构的性质、结构特点及拟采取的基础形式、尺寸和埋置深度。

（5）边坡滑塌区及影响范围内的建（构）筑物的相关资料。

（6）边坡工程区域的相关气象资料。

（7）场地区域最大降雨强度和二十年一遇及五十年一遇最大降水量；河、湖历史最高水位和二十年一遇及五十年一遇的水位资料；可能影响边坡水文地质条件的工业和市政管线、江河等水源因素，以及相关水库水位调度方案资料。

（8）对边坡工程产生影响的汇水面积、排水坡度、长度和植被等情况。

（9）边坡周围山洪、冲沟和河流冲淤等情况。

3. 勘察工作量的布置

分阶段进行勘察的边坡，宜在收集已有地质资料的基础上先进行工程地质测绘和调查。对于岩质边坡，工程地质测绘是勘察工作的首要内容。测绘工作除应符合第六章第一节的要求外，尚应着重查明边坡的形态、坡角、结构面产状和性质等。查明天然边坡的形态和坡角，对于确定边坡类型和稳定坡率是十分重要的。因为软弱结构面一般是控制岩质边坡稳定的主要因素，故应着重查明软弱结构面的产状和性质；测绘范围不能仅限于边坡地段，应适当扩大到可能对边坡稳定有影响及受边坡影响的所有地段。

边坡（含基坑边坡）勘察的重点之一是查明岩土体的性状。对岩质边坡而言，勘察的重点是查明边坡岩体中结构面的发育性状。采用常规钻探难以达到预期效果，需采用多种手段，辅用一定数量的探洞探井、探槽和斜孔，特别是斜孔、井槽、探槽对于查明陡倾结构是非常有效的。

边坡工程勘探范围应包括坡面区域和坡面外围一定的区域。对无外倾结构面控制的岩质边坡的勘探范围：到坡顶的水平距离一般不应小于边坡高度。对外倾结构面控制的岩质边坡的勘探范围应根据组成边坡的岩土性质及可能破坏模式确定：对可能按土体内部圆弧形破坏的土质边坡不应小于 1.5 倍坡高；对可能沿岩土界面滑动的土质边坡，后部应大于可能的后缘边界，前缘应大于可能的剪出口位置。勘察范围尚应包括可能对建（构）筑物有潜在安全影响的区域。

由于边坡的破坏主要是重力作用下的一种地质现象，其破坏方式主要是沿垂直于边坡方向的滑移失稳，故勘探线应以垂直边坡走向或平行主滑方向布置为主，在拟设置支挡结构的位置应布置平行或垂直的勘探线。成图比例尺应大于或等于 1∶500，剖面的纵横比例尺应相同。

勘探点分为一般性勘探点和控制性勘探点。控制性勘探点宜占勘探点总数的1/5~1/3，地质环境条件简单、大型的边坡工程取1/5，地质环境条件复杂、小型的边坡工程取1/3，并应满足统计分析的要求。

勘察孔进入稳定层的深度的确定，主要依据查明支护结构持力层性状，并避免在坡脚（或沟心）出现判层错误（将巨块石误判为基岩）等。勘探孔深度应穿过潜在滑动面并深入稳定层2~5 m，控制性勘探孔取大值，一般性勘探孔取小值。支挡位置的控制性勘探孔深度应根据可能选择的支护结构形式确定：对于重力式挡墙、扶壁式挡墙和锚杆可进入持力层不小于2.0m；对于悬臂桩进入嵌固段的深度土质时不宜小于悬臂长度的1.0倍，岩质时不小于0.7倍。

对主要岩土层和软弱层应采取试样进行室内物理力学性能试验，其试验项目应包括物性、强度及变形指标，试样的含水状态应包括天然状态和饱和状态。用于稳定性计算时土的抗剪强度指标宜采用直接剪切试验获取，用于确定地基承载力时土的峰值抗剪强度指标宜采用三轴试验获取。主要岩土层采集试样数量：土层不少于6组，对于现场大剪试验，每组不应少于3个试件，岩样抗压强度不应少于9个试件；岩石抗剪强度不少于3组。需要时应采集岩样进行变形指标试验，有条件时应进行结构面的抗剪强度试验。

建筑边坡工程勘察应提供水文地质参数。对于土质边坡及较破碎、破碎和极破碎的岩质边坡在不影响边坡安全条件下，通过抽水、压水或渗水试验确定水文地质参数。

对于地质条件复杂的边坡工程，初步勘察时宜选择部分钻孔埋设地下水和变形监测设备进行监测。

除各类监测孔外，边坡工程勘察工作的探井、探坑和探槽等在野外工作完成后应及时封填密实。

4. 边坡力学参数取值

正确确定岩土和结构面的强度指标，是边坡稳定分析和边坡设计成败的关键。岩体结构面的抗剪强度指标宜根据现场原位试验确定。试验应符合现行国家标准《工程岩体试验方法标准》（GB/T 50266-2013）的规定。对有特殊要求的岩质边坡宜做岩体流变试验，但当前并非所有工程均能做到。由于岩体（特别是结构面）的现场剪切试验费用较高、试验时间较长、试验比较困难，因而在勘察时难以普遍采用。而且，试验点的抗剪强度与整个结构面的抗剪强度可能存在较大的偏差，这种“以点代面”可能与实际不符。此外结构面的抗剪强度还将受施工期和运行期各种因素的影响。因此，当无条件进行现场剪切试验时，结构面的抗剪强度指标值在初步设计时可结合类似工程经验确定。对破坏后果严重的一级岩质边坡宜做测试。

岩土强度室内试验的应力条件应尽量与自然条件下岩土体的受力条件一致，三轴剪切试验的最高围压和直剪试验的最大法向压力的选择，应与试样在坡体中的实际受力情况相近。对控制边坡稳定的软弱结构面，宜进行原位剪切试验，室内试验成果的可靠性较差，对软土可采用十字板剪切试验。对大型边坡，必要时可进行岩体应力测试、波速测试、动力测试、孔隙水压力测试和模型试验。

实测抗剪强度指标是重要的，但更要强调结合当地经验，并宜根据现场坡角采用反分析验证。岩石（体）作为一种材料，具有在静载作用下随时间推移而出现强度降低的“蠕变效应”或称“流变效应”。岩石（体）流变试验在我国（特别是建筑边坡）进行得不是很多。根据研究资料表明，长期强度一般为平均标准强度的80%左右。对于一些有特殊要求的岩质边坡（如永久性边坡），从安全、经济的角度出发，进行“岩体流变”试验考虑强度可能随时间降低的效应是必要的。

岩石抗剪强度指标标准值是对测试值进行误差修正后得到反映岩石特点的值。由于岩体中或多或少都有结构面存在，其强度要低于岩块的强度。当前不少勘察单位采用水利水电系统的经验，不加区分地将岩石的黏聚力c乘以0.2，内摩擦因数（$\tan\phi$）乘以0.8作为岩体的c、ϕ。根据长江科学院重庆岩基研究中心等所做的大量现场试验表明，较之岩块，岩体的内摩擦角降低不大，而黏聚力却削弱很多。

5. 气象、水文和水文地质条件

因为大量的建筑边坡失稳事故的发生，无不说明了雨季、暴雨、地表径流及地下水对建筑边坡稳定性的重大影响，所以建筑边坡的工程勘察应满足各类建筑边坡的支护设计与施工的要求，并开展进一步专门必要的分析评价工作，因此提供完整的气象、水文及水文地质条件资料，并分析其对建筑边坡稳定性的作用与影响是非常重要的。建筑边坡工程的气象资料收集、水文调查和水文地质勘察应满足下列要求：

（1）收集相关气象资料、最大降雨强度和十年一遇最大降水量，研究降水对边坡稳定性的影响。

（2）收集历史最高水位资料，调查可能影响边坡水文地质条件的工业和市政管线、江河等水源因素以及相关水库水位调度方案资料。

（3）查明对边坡工程产生重大影响的汇水面积、排水坡度、长度和植被等情况。

（4）查明地下水类型和主要含水层分布情况。

（5）查明岩体和软弱结构面中地下水情况。

（6）调查边坡周围山洪、冲沟和河流冲淤等情况。

（7）论证孔隙水压力变化规律和对边坡应力状态的影响。

（8）必要的水文地质参数是边坡稳定性评价、预测及排水系统设计所必需的，因此建筑边坡勘察应提供必需的水文地质参数，在不影响边坡安全的前提条件下，可进行现场抽水试验、渗水试验或压水试验等获取水文地质参数。

（9）建筑边坡勘察除应进行地下水力学作用和地下水物理、化学作用（指地下水对边坡岩土体或可能的支护结构产生的侵蚀、矿物成分改变等物理、化学影响及影响程度）的评价以外，还宜考虑雨季和暴雨的影响。对一级边坡或建筑边坡治理条件许可时，可开展降雨渗入对建筑边坡稳定性影响研究工作。

6. 危岩崩塌勘察

在丘陵、山区选择场址和考虑建筑总平面布置时，首先必须判定山体的稳定性，查明是否存在产生危岩崩塌的条件。实践证明，这些问题如不在选择场址或可行性研究中及时发现和解决，会给经济建设造成巨大损失。因此，危岩崩塌勘察应在拟建建（构）筑物的可行性研究或初步勘察阶段进行。工作中除应查明危岩分布及产生崩塌的条件、危岩规模、类型、范围、稳定性，预测其发展趋势以及危岩崩塌危害的范围等，对崩塌区作为建筑场地的适宜性做出判断外，尚应根据危岩崩塌产生的机制有针对性地提出防治建议。

危岩崩塌勘察区的主要工作手段是工程地质测绘。危岩崩塌区工程地质测绘的比例尺宜选用 1：200~1：500，对危岩体和危岩崩塌方向主剖面的比例尺宜选用 1：200。

危岩崩塌区勘察应满足下列要求：

（1）收集当地崩塌史（崩塌类型、规模、范围、方向和危害程度等）、气象、水文、工程地质勘察（含地震）、防治危岩崩塌的经验等资料。

（2）查明崩塌区的地形地貌。

（3）查明危岩崩塌区的地质环境条件，重点查明危岩崩塌区的岩体结构类型、结构面形状、组合关系、闭合程度、力学属性、贯通情况和岩性特征、风化程度以及下覆洞室等。

（4）查明地下水活动状况。

（5）分析危岩变形迹象和崩塌原因。

工作中应着重分析、研究形成崩塌的基本条件，判断产生崩塌的可能性及其类型、规模、范围。预测发展趋势，对可能发生崩塌的时间、规模方向、途径、危害范围做出预测，为防治工程提供准确的工程勘察资料（含必要的设计参数）并提出防治方案。

不同破坏形式的危岩，其支护方式是不同的。因而在勘察中应按单个危岩形态特征确定危岩的破坏形式、进行定性或定量的稳定性评价，提供有关图件（平面图、剖面图或实体投影图）标明危岩分布、大小和数量，提出支护建议。

危岩稳定性判定时应对张裂缝进行监测。对破坏后果严重的大型危岩，应结合监测结果对可能发生崩塌的时间、规模、方向、途径和危害范围做出预测。

第五节 地基处理

地基处理是指为提高承载力，改善其变形性质或渗透性质而采取的人工处理地基的方法。

一、地基处理的目的

根据工程情况及地基土质条件或组成的不同，处理的目的为：

1. 提高土的抗剪强度，使地基保持稳定。

2. 降低土的压缩性，使地基的沉降和不均匀沉降减至允许范围内。

3. 降低土的渗透性或渗流的水力梯度，防止或减少水的渗漏，避免渗流造成地基破坏。

4. 改善土的动力性能，防止地基产生震陷变形或因土的振动液化而丧失稳定性。

5. 消除或减少土的湿陷性或胀缩性引起的地基变形，避免建筑物破坏或影响其正常使用。

对任何工程来讲，处理目的可能是单一的，也可能需同时在几个方面达到一定要求。地基处理除用于新建工程的软弱和特殊土地基外，也作为事后补救措施用于已建工程地基加固。

二、地基处理方法的分类

地基处理技术从机械压实到化学加固，从浅层处理到深层处理，方法众多，按其处理原理和效果大致可分为换填垫层法、排水固结法、挤密振密法、拌入法、灌浆法和加筋法等类型。

1. 换填垫层法

换填垫层法是先将基底下一定范围内的软弱土层挖除，然后回填强度较高、压缩性较低且不含有机质的材料，分层碾压后作为地基持力层，以提高地基的承载力和减少变形。

换填垫层法适用于处理各类浅层软弱地基，是用砂、碎石、矿渣或其他合适的材料置换地基中的软弱或特殊土层，分层压实后作为基底垫层，从而达到处理的目的。它常用于处理软弱地基，也可用于处理湿陷黄土地基和膨胀土地基。从经济合理角度考虑，换土垫层法一般适用于处理浅层地基（深度通常不超过 3 m）。

换填垫层法的关键是垫层的碾压密实度，并应注意换填材料对地下水的污染影响。

2. 预压法（排水固结法）

预压法是在建筑物建造前，采用预压、降低地下水位、电渗等方法在建筑场地进行加载预压促使土层排水固结，使地基的固结沉降提前基本完成，以减小地基的沉降和不均匀沉降，提高其承载力。

预压法适用于处理深厚的饱和软黏土，分为堆载预压、真空预压、降水预压和电渗排水预压。预压法的关键是使荷载的增加与土的承载力、增长率相适应。当采用堆载预压法时，通常在地基内设置一系列就地灌筑砂井、袋装砂井或塑料排水板，形成竖向排水通道以增加土的排水途径，以加速土层固结。

3. 强夯法和强夯置换法

强夯法又名动力固结法或动力压实法。这种方法是反复将夯锤（质量一般为 10~40 t）提到一定高度使其自由落下（落距一般为 10~40 m），给地基以冲击和振动能量，从而提高地基的承载力并降低其压缩性，改善地基性能。由于强夯法具有加固效果显著、适用土类广、设备简单、施工方便、节省劳力、施工期短、节约材料、施工文明和施工费用低等优点，因而我国自20世纪70年代引进此法后迅速在全国推广应用。大量工程实例证明，强夯法用于处理碎石土、砂土、低饱和度的粉土和黏性土、湿陷性黄土、素填土和杂填土等地基，一般均能取得较好的效果。对于软土地基，一般来说处理效果不显著。

强夯置换法是采用在夯坑内回填块石、碎石等粗颗粒材料，用夯锤夯击形成连续的强夯置换墩。强夯置换法是20世纪80年代后期开发的方法，适用于高饱和度的粉土与软塑-流塑的黏性土等地基上对变形控制要求不严的工程。强夯置换法具有加固效果显著、施工期短、施工费用低等优点，目前已用于堆场、公路、机场、房屋建筑、油罐等工程，一般效果良好，个别工程因设计、施工不当，加固后出现下沉较大或墩体与墩间土下沉不等的情况。因此，特别强调采用强夯置换法前，必须通过现场试验确定其适用性和处理效果，否则不得采用。

强夯法虽然已在工程中得到广泛应用，但有关强夯机理的研究，至今尚未取得满意的结果。因此，目前还没有一套成熟的设计计算方法。强夯施工前，应在施工现场有代表性的场地上进行试夯或试验性施工，通过试验确定强夯的设计参数—单点夯击能、最佳夯击能、夯击遍数和夯击间歇时间等。强夯法由于振动和噪声对周围环境影响较大，因而在城市使用有一定的局限性。

4. 复合地基法

复合地基是指由两种刚度（或模量）不同的材料（桩体和桩间土）组成，共同承受上部荷载并协调变形的人工地基。复合地基中的许多独立桩体，其顶部与基础不连接，区别于桩基中群桩与基础承台相连接。因此独立桩体亦称竖向增强体。复合地基中的桩柱体的作用，一是置换，二是挤密。因此，复合地基除可提高地基承载力、减少变形外，还有消除湿陷和液化的作用。复合地基设计应满足承载力和变形要求。对于地基土为欠固结土、膨胀土、湿陷性黄土、可液化土等特殊土时，其设计要综合考虑土体的特殊性质，选用适当的增强体和施工工艺。

复合地基的施工方法可分为振冲挤密法、钻孔置换法和拌入法三大类。

振冲挤密法采用振冲、振动或锤击沉管、柱锤冲扩等挤土成孔方法对不同性质的土层分别具有置换、挤密和振动密实等作用。对黏性土主要起到置换作用，对中细砂和粉土除置换作用外还有振实挤密作用。在以上各种土中施工都要在孔内加填砂、碎石、灰土、卵石、碎砖、生石灰块、水泥土、水泥粉煤灰碎石等回填料，制成密实振冲桩，而桩间土则受到不同程度的挤密和振密。可用于处理松散的无黏性土、杂填土、非饱和黏性土及湿陷性黄土等地基，形成桩土共同作用的复合地基，使地基承载力提高，变形减少，并可消除土层的液化。

钻孔置换法主要采用水冲、洛阳铲或螺旋钻等非挤土方法成孔，孔内回填为高黏结强度的材料形成桩体。如由水泥、粉煤灰、碎石、石屑或砂加水拌和形成的桩（CFG）、夯实水泥土或素混凝土形成的桩体等，形成桩土共同作用的复合地基，使地基承载力提高，变形减少。

拌入法是指采用高压喷射注浆法、深层喷浆搅拌法、深层喷粉搅拌法等在土中掺入水泥浆或能固化的其他浆液，或者直接掺入水泥、石灰等能固化的材料，经拌和固化后，在地基中形成一根根柱状固化体，并与周围土体组成复合地基而达到处理目的。可适用于软弱黏性土、欠固结冲填土、松散砂土及砂砾石等多种地基。

5. 灌浆法

灌浆法是靠压力传送或利用电渗原理，把含有胶结物质并能固化的浆液灌入土层，使其渗入土的孔隙或充填土岩中的裂缝和洞穴中，或者把很稠的浆体压入事先打好的钻孔中，借助于浆体传递的压力挤密土体并使其上抬，达到加固处理目的。其适用性与灌浆方法和浆液性能有关，一般可用于处理砂土、砂砾石、湿陷性黄土及饱和黏性土等地基。

注浆法包括粒状剂和化学剂注浆法。粒状剂包括水泥浆、水泥砂浆、黏土浆、水泥黏土浆等，适用于中粗砂、碎石土和裂隙岩体；化学剂包括硅酸钠溶液、氢氧化钠溶液、氯化钙溶液等，可用于砂土、粉土和黏性土等。作业工艺有旋喷法、深层搅拌、压密注浆和劈裂注浆等。其中粒状剂注浆法和化学剂注浆法属渗透注浆，其他属混合注浆。

注浆法有强化地基和防水止渗的作用，可用于地基处理、深基坑支挡和护底，建造地下防渗帷幕，防止砂土液化、防止基础冲刷等方面。因大部分化学浆液有一定的毒性，应防止浆液对地下水造成污染。

6. 加筋法

采用强度较高、变形较小、老化慢的土工合成材料，如土工织物、塑料格栅等，其受力时伸长率不大于4%~5%，抗腐蚀耐久性好，埋设在土层中，即由分层铺设的土工合成材料与地基土构成加筋土垫层。土工合成材料还可起到排水、反滤、隔离和补强作用。加筋法常用于公路路堤的加固，在地基处理中，加筋法可用于处理软弱地基。

7. 托换技术（或称基础托换）

托换技术是指对原有建筑物地基和基础进行处理、加固或改建，或在原有建筑物基础下修建地下工程或因邻近建造新工程而影响到原有建筑物的安全时所采取的技术措施的总称。

三、地基处理的岩土工程勘察的基本要求

进行地基处理时应有足够的地质资料，当资料不全时，应进行必要的补充勘察。地基处理的岩土工程勘察应满足下列基本要求：

1. 针对可能采用的地基处理方案，提供地基处理设计和施工所需的岩土特性参数；岩土参数是地基处理设计成功与否的关键，应选用合适的取样方法、试验方法和取值标准。

2. 预测所选地基处理方法对环境和邻近建筑物的影响；如选用强夯法施工时，应注意振动和噪声对周围环境产生的不利影响；选用注浆法时，应避免化学浆液对地下水、地表水的污染等。

3. 提出地基处理方案的建议。每种地基处理方法都有各自的适用范围、局限性和特点。因此，在选择地基处理方法时都要进行具体分析，从地基条件、处理要求、处理费用和材料、设备来源等方面综合考虑，进行技术、经济、工期等方面比较，以选用技术上可靠、经济上合理的地基处理方法。

4. 当场地条件复杂，或采用某种地基处理方法缺乏成功经验，或采用新方法、新工艺时，应在施工现场对拟选方案进行试验或对比试验，以取得可靠的设计参数和施工控制指标；当难以选定地基处理方案时，可进行不同地基处理方法的现场对比试验，通过试验检验方案的设计参数和处理效果，选定可靠的地基处理方法。

5. 在地基处理施工期间，岩土工程师应进行施工质量和施工对周围环境和邻近工程设施影响的监测，以保证施工顺利进行。

四、各类地基处理方法勘察的重点内容

1. 换填垫层法的岩土工程勘察重点

（1）查明待换填的不良土层的分布范围和埋深。

（2）测定换填材料的最优含水量、最大干密度。

（3）评定垫层以下软弱下卧层的承载力和抗滑稳定性，估算建筑物的沉降。

（4）评定换填材料对地下水的环境影响。

（5）对换填施工过程应注意的事项提出建议。

（6）对换填垫层的质量进行检验或现场试验。

2. 预压法的岩土工程勘察重点

（1）查明土的成层条件、水平和垂直方向的分布、排水层和夹砂层的埋深和厚度、地下水的补给和排泄条件等。

（2）提供待处理软土的先期固结压力、压缩性参数、固结特性参数和抗剪强度指标、软土在预压过程中强度的增长规律。

（3）预估预压荷载的分级和大小、加荷速率、预压时间、强度的可能增长和可能的沉降。

（4）对重要工程，建议选择代表性试验区进行预压试验；采用室内试验、原位测试、变形和孔压的现场监测等手段，推算软土的固结系数、固结度与时间的关系和最终沉降量，为预压处理的设计施工提供可靠依据。

（5）检验预压处理效果，必要时进行现场载荷试验。

3. 强夯法的岩土工程勘察重点

（1）查明强夯影响深度范围内土层的组成、分布、强度、压缩性、透水性和地下水

条件。

（2）查明施工场地和周围受影响范围内的地下管线和构筑物的位置、标高；查明有无对振动敏感的设施，是否需在强夯施工期间进行监测。

（3）根据强夯设计，选择代表性试验区进行试夯，采用室内试验、原位测试、现场监测等手段，查明强夯有效加固深度，夯击能量、夯击遍数与夯沉量的关系，夯坑周围地面的振动和地面隆起，土中孔隙水压力的增长和消散规律。

4. 桩土复合地基的岩土工程勘察重点

（1）查明暗塘、暗浜、暗沟、洞穴等的分布和埋深。

（2）查明土的组成、分布和物理力学性质，软弱土的厚度和埋深，可作为桩基持力层的相对硬层的埋深。

（3）预估成桩施工可能性（有无地下障碍、地下洞穴、地下管线、电缆等）和成桩工艺对周围土体、邻近建筑、工程设施和环境的影响（噪声、振动、侧向挤土、地面沉陷或隆起等），桩体与水土间的相互作用（地下水对桩材的腐蚀性，桩材对周围水土环境的污染等）。

（4）评定桩间土承载力，预估单桩承载力和复合地基承载力。

（5）评定桩间土、桩身、复合地基、桩端以下变形，计算深度范围内土层的压缩性，任务需要时估算复合地基的沉降量。

（6）对需验算复合地基稳定性的工程，提供桩间土、桩身的抗剪强度。

（7）任务需要时应根据桩土复合地基的设计，进行桩间土、单桩和复合地基载荷试验，检验复合地基承载力。

5. 注浆法的岩土工程勘察重点

（1）查明土的级配、孔隙性或岩石的裂隙宽度和分布规律，岩土渗透性，地下水埋深、流向和流速，岩土的化学成分和有机质含量。岩土的渗透性宜通过现场试验测定。

（2）根据岩土性质和工程要求选择浆液和注浆方法（渗透注浆、劈裂注浆、压密注浆等）；根据地区经验或通过现场试验确定浆液浓度、黏度、压力、凝结时间、有效加固半径或范围，评定加固后地基的承载力、压缩性、稳定性或抗渗性。

（3）在加固施工过程中对地面、既有建筑物和地下管线等进行跟踪变形观测，以控制灌注顺序、注浆压力和注浆速率等。

（4）通过开挖、室内试验、动力触探或其他原位测试，对注浆加固效果进行检验。

（5）注浆加固后，应对建筑物或构筑物进行沉降观测，直至沉降稳定为止，观测时间不宜少于半年。

第六节　地下洞室

一、地下洞室围岩的质量分级

地下洞室勘察的围岩分级方法应与地下洞室设计采用的标准一致，无特殊要求时可根据现行国家标准《工程岩体分级标准》（GB 50218-2014）执行，地下铁道围岩类别应按现行国家标准《城市轨道交通岩土工程勘察规范》（GB 50307-2012）执行。

首先确定基本质量级别，然后考虑地下水、主要软弱结构面和地应力等因素对基本质量级别进行修正，并以此衡量地下洞室的稳定性，岩体级别越高，则洞室的自稳能力越好。

《城市轨道交通岩土工程勘察规范》（GB 50307-2012）则为了与《地铁设计规范》（GB 50157-2013）相一致，采用了铁路系统的围岩分类法。这种围岩分类是根据围岩的主要工程地质特征（如岩石强度、受构造的影响大小、节理发育情况和有无软弱结构面等）、结构特征和完整状态以及围岩开挖后的稳定状态等综合确定围岩类别，并可根据围岩类别估算围岩的均布压力。

二、地下洞室勘察阶段的划分

地下洞室勘察划分为可行性研究勘察、初步勘察、详细勘察和施工勘察四个阶段。根据多年的实践经验，地下洞室勘察分阶段实施是十分必要的。这不仅符合按程序办事的基本建设原则，也是由自然界地质现象的复杂性和多变性所决定的。因为这种复杂多变性，在一定的勘察阶段内难以全部认识和掌握，需要一个逐步深化的认识过程。分阶段实施勘察工作，可以减少工作的盲目性，有利于保证工程质量。当然，也可根据拟建工程的规模、性质和地质条件，因地制宜地简化勘察阶段。

三、各勘察阶段的勘察内容和勘察方法

1. 可行性研究勘察阶段

可行性研究勘察应通过收集区域地质资料，现场踏勘和调查，了解拟选方案的地形地貌、地层岩性、地质构造、工程地质、水文地质和环境条件，对拟选方案的适宜性做出评价，选择合适的洞址和洞口。

2. 初步勘察阶段

初步勘察应采用工程地质测绘，并结合工程需要，辅以物探、钻探和测试等方法，初步查明选定方案的地质条件和环境条件，初步确定岩体质量等级（围岩类别），对洞址和洞口的稳定性做出评价，为初步设计提供依据。

工程地质测绘的任务是查明地形地貌、地层岩性、地质构造、水文地质条件和不良地质作用，为评价洞区稳定性和建洞适宜性提供资料，为布置物探和钻探工作量提供依据。在地下洞室勘察中，做好工程地质测绘可以起到事半功倍的效果。

地下洞室初步勘察时，工程地质测绘和调查应初步查明下列问题：

（1）地貌形态和成因类型。

（2）地层岩性、产状、厚度、风化程度。

（3）断裂和主要裂隙的性质、产状、充填、胶结、贯通及组合关系。

（4）不良地质作用的类型、规模和分布。

（5）地震地质背景。

（6）地应力的最大主应力作用方向。

（7）地下水类型、埋藏条件、补给、排泄和动态变化。

（8）地表水体的分布及其与地下水的关系，淤积物的特征。

（9）洞室穿越地面建筑物、地下构筑物，管道等既有工程时的相互影响。

地下洞室初步勘察时，勘探与测试应符合下列要求：

（1）采用浅层地震剖面法或其他有效方法圈定隐伏断裂、地下隐伏体，探测构造破碎带，查明基岩埋深、划分风化带。

（2）勘探点宜沿洞室外侧交叉布置，钻探工作可根据工程地质测绘的疑点和工程物探的异常点布置。综合《军队地下工程勘测规范》（GJB 2813-1997）、《城市轨道交通岩土工程勘察规范》（GB 50307-2012）和《公路隧道勘测规程》（JTJ 063-85）等规范的有关内容，勘探点间距和勘探孔深度为：勘探点间距宜为 100~200m 时，采取试样和原位测试勘探孔不宜少于勘探孔总数的 2/3；控制性勘探孔深度，对岩体基本质量等级为Ⅰ级和Ⅱ级的岩体宜钻入洞底设计标高下 1~3 m，对Ⅰ级岩体宜钻入 3~5 m，对Ⅳ级、Ⅴ级的岩体和土层，勘探孔深度应根据实际情况确定。

（3）每一主要岩层和土层均应采取试样，当有地下水时应采取水试样；当洞区存在有害气体或地温异常时，应进行有害气体成分、含量或地温测定；对高地应力地区，应进行地应力量测。

（4）必要时，可进行钻孔弹性波或声波测试，钻孔地震 CT 或钻孔电磁波 CT 测试，可评价岩体完整性，计算岩体动力参数，划分围岩类别等。

3. 详细勘察阶段

详细勘察阶段是地下洞室勘察的一个重要阶段，应采用钻探、钻孔物探和测试为主的勘察方法，必要时可结合施工导洞布置洞探。工程地质测绘在详勘阶段一般情况下不单独进行，只是根据需要做一些补充性调查。详细勘察的任务是详细查明洞址、洞口、洞室穿越线路的工程地质和水文地质条件，分段划分岩体质量级别或围岩类别，评价洞体和围岩稳定性，为洞室支护设计和确定施工方案提供资料。

详细勘察具体应进行下列工作：

(1)查明地层岩性及其分布,划分岩组和风化程度,进行岩石物理力学性质试验。

(2)查明断裂构造和破碎带的位置、规模产状和力学属性,划分岩体结构类型。

(3)查明不良地质作用的类型、性质、分布,并提出防治措施的建议。

(4)查明主要含水层的分布、厚度、埋深,地下水的类型、水位、补给排泄条件,预测开挖期间出水状态、涌水量和水质的腐蚀性。

(5)城市地下洞室需降水施工时,应分段提出工程降水方案和有关参数。

(6)查明洞室所在位置及邻近地段的地面建筑和地下构筑物、管线状况,预测洞室开挖可能产生的影响,提出防护措施。

(7)综合场地的岩土工程条件,划分围岩类别,提出洞址、洞口、洞轴线位置的建议,对洞口、洞体的稳定性进行评价,提出支护方案和施工方法的建议,对地面变形和既有建筑的影响进行评价。

详细勘察可采用浅层地震勘探和孔间地震 CT 或孔间电磁波 CT 测试等方法,详细查明基岩埋深、岩石风化程度、隐伏体(如溶洞、破碎带等)的位置,在钻孔中进行弹性波波速测试,为确定岩体质量等级(围岩类别)、评价岩体完整性、计算动力参数提供资料。

详细勘察时,勘探点宜在洞室中线外侧 6~8m 交叉布置,山区地下洞室按地质构造布置,且勘探点间距不应大于 50m;城市地下洞室的勘探点间距,岩土变化复杂的场地宜小于 25 m,中等复杂的宜为 25~40 m,简单的宜为 40~80 m。

采集试样和原位测试勘探孔数量不应少于勘探孔总数的 1/2。

详细勘察时,第四系中的控制性勘探孔深度应根据工程地质、水文地质条件、洞室埋深、防护设计等需要确定;一般性勘探孔可钻至基底设计标高下 6~10m。控制性勘探孔深度,对岩体基本质量等级为Ⅰ级和Ⅱ级的岩体宜钻入洞底设计标高下 1~3 m;对Ⅰ级岩体宜钻入 3~5m,对Ⅳ级、Ⅴ级的岩体和土层,勘探孔深度应根据实际情况确定。

详细勘察的室内试验和原位测试,除应满足初步勘察的要求外,对城市地下洞室尚应根据设计要求进行下列试验:

(1)采用承压板边长为 30cm 的载荷试验测求地基基床系数,基床系数用于衬砌设计时计算围岩的弹性抗力强度。

(2)采用面热源法或热线比较法进行热物理指标试验,计算热物理参数(导温系数、导热系数和比热容)。

热物理参数用于地下洞室通风负荷设计,通常采用面热源法和热线比较法测定潮湿土层的导温系数、导热系数和比热容;热线比较法还适用于测定岩石的导热系数,比热容还可用热平衡法测定。

面热源法是在被测物体中间作用一个恒定的短时间的平面热源,则物体温度将随时间而变化,其温度变化是与物体的性能有关。通过求解导热微分方程,并通过试验测出有关参数,然后按一些相关公式就可计算出被测物体的导温系数、导热系数和比热容。

4. 施工勘察和超前地质预报

进行地下洞室勘察，仅凭工程地质测绘、工程物探和少量的钻探工作，其精度是难以满足施工要求的，尚需依靠施工勘察和超前地质预报加以补充和修正。因此，施工勘察和地质超前预报关系到地下洞室掘进速度和施工安全，可以起到指导设计和施工的作用。

施工勘察应配合导洞或毛洞开挖进行，当发现与勘察资料有较大出入时，应提出修改设计和施工方案的建议。

超前地质预报主要内容包括下列四方面：

（1）断裂、破碎带和风化囊的预报。

（2）不稳定块体的预报。

（3）地下水活动情况的预报。

（4）地应力状况的预报。

超前预报的方法主要有超前导坑预报法、超前钻孔测试法和工作面位移量测法等。

第三章 不良地质作用和地质灾害

第一节 岩溶

一、概述

岩溶，又称喀斯特（karst），是指水对可溶性岩石的溶蚀作用，以及所形成的地表及地下各种岩溶形态与现象的总称。可溶性岩石包括碳酸盐岩（石灰岩、白云岩等）、硫酸盐岩（石膏、硬石膏、芒硝等）、卤化物盐（钠盐、钾盐）等，其中硫酸盐岩和卤化物盐最易被水所溶蚀，而碳酸盐岩则相对难于溶蚀。碳酸盐岩在我国分布范围很广，占有绝对优势，因此，人们对岩溶和岩溶问题的研究主要侧重于碳酸盐岩类岩石上。

岩溶作用不仅包括水对岩石的溶解，还包括水的侵蚀、潜蚀、冲蚀、搬运、沉积作用，以及水的崩解和生物作用等。岩溶形态是岩溶作用的结果，常见的地表岩溶形态有；溶沟、溶槽、溶蚀漏斗、溶蚀洼地、溶蚀平原、溶蚀谷地、溶洞、石林、峰丛、峰林、干谷、盲谷、落水洞、竖井和孤峰等；地下岩溶形态有溶隙、溶孔、溶洞和暗河等。

我国碳酸盐岩类岩石总分布面积达 344.3 万 km^2，约占国土面积的 1/3，其中出露面积为 90.7 万 km^2，接近国土面积的 1/10。南方主要分布在云南、贵州、广西、四川、湖南、湖北和广东一带，北方主要分布在山西、山东、河南、河北一带。岩溶的发育程度，南方和北方存在显著差异。南方岩溶发育充分，岩溶现象典型，地表有石林、峰丛、峰林，溶蚀洼地、落水洞、竖井等，地下多发育较为完整的暗河系统。而北方地表除溶蚀裂隙、溶洞、干谷、盲谷等外，很少有典型的落水洞、竖井、溶蚀洼地、峰丛和峰林等岩溶形态，地下也未发现有完整的暗河系统。

二、岩溶发育的基本条件

岩溶是可溶性岩石与水长期相互作用的结果，岩溶化过程实际上就是水作为动力对可溶岩层的改造过程。因此，岩溶发育必不可少的两个基本条件是：可溶性的岩层和具有侵蚀能力的水。由上述两个基本因素派生出一系列影响因素。例如，前苏联学者索科洛夫曾提出，岩溶发育应具备四个条件：可溶岩的存在、可溶岩必须是透水的、具有侵蚀能力的水以及水是流动的。

三、岩溶发育的基本规律

1. 岩溶发育具有强烈的不均匀性。岩溶发育程度受地层岩性、成分、结构、地质构造、水文地质条件、气象、水文等多种因素的控制与影响，这些因素的空间变化悬殊，不同地区、同一地区的不同地点，岩溶发育程度具有很大的不均匀性。从规模上讲，不仅有规模巨大、延伸长达数千米的溶洞和暗河，也有十分细小的溶孔和溶隙。

2. 岩溶发育程度与岩性、成分和结构有关。厚层、质纯和粗粒的石灰岩，岩溶发育强烈，洞体规模大；而含有泥质或硅铝质成分、层理较薄、结构致密的灰岩，岩溶发育程度弱。泥质或硅铝质成分含量越高，发育程度越差。在可溶性岩层与非可溶性岩层的接触带上，有利于水的活动，岩溶一般较发育。

3. 岩溶发育程度受地质构造的控制。岩石节理发育的较节理稀少的岩石岩溶发育，断层及破碎带不仅岩石破碎和裂隙密集，而且也常是地下水运动的通道，因此岩溶发育强烈。岩溶漏斗、落水洞、竖井、溶洞、地下暗河等常沿构造线展布。

4. 岩溶发育具有水平分带性和垂直分带性。岩溶地区地下水的运动状况具有水平分带性和垂直分带性，因而所形成的岩溶也有分带性。在同一地区，从河谷向分水岭核部，地下水交替强度一般是逐渐变弱，受此控制，岩溶发育程度由河谷向分水岭核部逐渐减弱。在地下水向河谷排泄的地区，岩溶发育一般具有垂直分带性。以大气降水的间歇性垂向运动为主的包气带，常形成垂向发育的溶蚀裂隙、落水洞、溶斗及竖井等。地下水面以下一定深度的饱水带，地下水的水平径流强烈，岩溶最为发育，常形成水平状的溶洞管道甚至暗河。深部饱水带，地下水的径流迟滞，岩溶发育微弱，且越往深处岩溶就越不发育。河谷地区的水平洞穴往往成层分布，当地壳或基准面升降时，可以形成数层水平洞穴。

5. 由于地下深部地下水循环微弱，因此随深度增加岩溶发育程度逐渐减弱。

第二节　滑坡

一、滑坡及其危害

滑坡（landslide）是指边坡（包括自然边坡和人工边坡）上的岩土体沿一定的软弱带（面）作整体向下滑动的现象，它是斜坡失稳的主要形式之一。滑坡通常具有双重含义，可指一种重力地质作用的过程，也可指一种重力作用的结果。欧美许多国家采用斜坡移动的概念，指斜坡上的岩石、土、人工填土或这些物质的组合向下或向外移动的现象，它比滑坡含义更广，不仅包括滑坡，也包括崩塌、崩落、倾倒和泥石流等。

滑坡是山区一种常见的地质灾害，常常会掩埋村庄、摧毁厂矿、破坏铁路和公路交通、堵塞江河、损坏农田和森林等，给人民的生命财产和国家的经济建设造成严重损失。

我国是一个滑坡灾害多发的国家，大型滑坡时有发生，给人民的生命财产和工农业生产造成严重的损失。

二、滑坡的形成条件及影响边坡稳定性的因素

滑坡一般是在内部因素和外部因素综合作用下形成的。内部因素包括：边坡地层岩土岩性、地质构造、岩土体结构、地形地貌特征等，是产生滑坡的内在条件。外部因素包括：地下水、地表水、地震人工加载和开挖边坡等，是产生滑坡的触发因素。在内因和外因共同作用下，滑坡体在重力作用下沿滑动面产生滑动力，同时产生抵抗滑动的抗滑阻力。当抗滑阻力大于滑动力时，滑坡处于稳定状态；当滑动力大于抗滑阻力时，滑坡处于不稳定状态，可能失稳滑动。

1. 地层岩性

岩土体是产生滑坡的物质基础和必备条件，斜坡稳定与地层岩性有密切关系。各类岩、土都有可能构成滑坡体，但由于结构松软、抗剪强度低、易风化和在水的作用下其性质易发生变化的岩土体构成的斜坡最易发生滑坡，如第四系各种成因的松散覆盖层、黄土、红黏土、膨胀岩土、页岩、泥岩、煤系地层、凝灰岩、片岩、板岩、千枚岩等。相反，坚硬完整的块状或厚层状岩石如花岗岩、灰岩、砾岩等可以构成几百米高的陡坡和深切峡谷，却很少发生滑坡，边坡变形和破坏以崩塌为主。斜坡内存在易滑地层是滑坡产生的内在条件。当该易滑地层因自然作用或人工活动而临空或受水软化时，则其上覆地层就容易发生滑动，从而形成滑坡。

2. 地形地貌

滑坡必须具备临空面和滑动面才能滑动，因此，只有处于一定地貌部位并具备一定坡度的斜坡才可能发生滑坡。江河、湖泊、水库、海洋和冲沟的岸坡，坡脚受水流冲刷和侵蚀形成临空面，容易出现滑坡。我国滑坡的分布与地形地貌的关系表现在以下几个方面：

（1）长期上升剧烈的分水岭地区，中等至深切割（相对高度大于 500 m）的峡谷区和岩体坚硬、节理发育、山谷陡峭地区，很少发生滑坡，易发生崩塌。

（2）宽广河谷地段，多由平缓斜坡或河流阶地组成。河流阶地和坡度 20°~30° 的谷坡很少发生滑坡，重力堆积坡在自然或人为因素作用下容易发生重新滑动。

（3）峡谷陡坡地段的局部缓坡区，是重力堆积地貌或水流—重力堆积地貌，由过去的古岩堆、古错落、古滑坡或洪积扇组成，故当开挖时常出现古老滑坡的复活，古错落转为滑坡，或出现新滑坡活动。

（4）山间盆地边缘区为起伏平缓的丘陵地貌，是岩石滑坡和黏性土滑坡集中分布的地貌单元。坚硬岩层分布区，易发生岩体顺层滑坡；在易风化成黏性土的岩层分布区，以及古近系、新近系、第四系湖盆边缘的低丘地区，则常有残积成因的黏性土滑坡连片分布。

（5）凸形山坡或凸出山嘴，当岩层倾向临空面时，可产生层面岩体滑坡，有断层通过时，则可产生构造面破碎岩石滑坡。

（6）单面山缓坡区常产生沿层面的顺层滑坡和堆积层滑坡。

（7）线状延伸的断层陡崖或其下的崩积、坡积地貌常分布有堆积层滑坡，在断层裂隙水或其他地表、地下水作用下，常产生堆积物沿下伏基岩面的滑动。

3. 地质构造和岩体结构

地质构造对边坡的稳定性特别是对岩质边坡稳定性有显著影响。在地壳活动强烈、构造发育或新构造活动强烈地区，岩石破碎，山坡不稳定，崩塌、滑坡、泥石流等极其发育，常出现巨大型滑坡及滑坡群。例如，我国西部地区尤其是西南地区，如云南、四川、贵州、陕西、青海、甘肃、宁夏等省区，地壳活动强烈，地形切割陡峻，地质构造复杂，岩土体支离破碎，再加上降水量和强度较大，滑坡活动频繁，滑坡规模也较大。1965 年 11 月云南禄劝县普福河连续两次发生大滑坡，滑体体积达 2.5 亿 ~3 亿 m^2，滑移 5~6 km。

大断层带及其附近、多组断裂相交叉部位、褶皱轴部等构造部位，岩石破碎，风化程度高，且经常有地下水的强烈活动，容易发生滑坡。

岩层或结构面的产状对边坡稳定有很大的影响。各种节理、裂隙、层理面、岩性界面、断层发育的斜坡，特别是当平行和垂直斜坡的陡倾构造面及顺坡缓倾的构造面发育时，最易发生滑坡。各种不同成因的结构面，包括不同风化程度的岩体接触面，当其在垂直临空面方向形成上陡（>60°）下缓（<40°）的空间组合，且因各种原因切割而暴露了该软弱结构面时，容易产生滑坡。水平岩层的边坡稳定性较好，但如果存在陡倾的节理裂隙，则易形成崩塌和剥落。同向缓倾的岩质边坡（结构面倾向和边坡坡面倾向一致，倾角小于坡角）的稳定性比反向倾斜的差，这种情况最易产生顺层滑坡。结构面或岩层倾角愈陡，稳定性愈差。如岩层倾角小于 10° 的边坡，除沿软弱夹层可能产生塑性流动外，一般是稳定的；大于 25° 的边坡，通常是不稳定的；倾角为 15° ~25° 的边坡，则根据层面的抗剪强度等因素而定。对于红色地层中黏土岩、页岩边坡，岩层倾角为 13° ~18° 时，最易发生顺层滑坡。同向陡倾层状结构的边坡，一般稳定性较好，但如果由薄层或软硬岩互层的岩石组成，则可能因蠕变而产生挠曲弯折或倾倒。反向倾斜层状结构的边坡通常较稳定，但如果垂直层面或片理面的走向节理发育，且顺山坡倾斜，则亦易产生切层滑坡。

第三节　危岩和崩塌

一、概述

危岩是指岩体被结构面切割，在外力作用下产生松动和塌落；崩塌是指危岩塌落的过程及其产物。陡坡上的岩体或土体在重力或其他外力作用下，突然而猛烈地向下倾倒、翻滚、崩落的现象称为崩塌。堆积在坡脚处大小不等、混杂堆积的岩土块称崩塌堆积物，所构成锥形体称为岩堆或倒石堆。土体崩塌称土崩，岩体崩塌称岩崩，规模巨大波及山体范围的崩塌称为山崩。

崩塌不同于滑坡，表现在：

1. 滑坡滑动速度多比较缓慢，崩塌运动快，发生猛烈。

2. 滑坡多沿固定的面或带滑动，而崩塌通常无固定的面或带。

3. 滑坡堆积物，岩体（土体）层位和新老关系一般没有显著的变化，仍保持原有地层层序和结构特征，而崩塌物为混杂堆积，原有地层层序和结构都被破坏。

4. 滑坡体一般不会完全脱离母岩体，部分滑体残留在滑床之上，而崩塌体则完全与母岩体脱离。

5. 多数滑坡体水平位移大于垂直位移，而崩塌则与此相反。

6. 滑坡体表面分布有很多滑坡裂隙，而崩塌堆积物表面一般无裂缝分布。

按照崩塌体的规模、范围、大小可以分为剥落、坠石和崩落等类型。剥落的块度较小，块度大于 0.5 m 的占 25% 以下，产生剥落的岩石山坡坡度一般在 30° ~40° 范围内；坠石的块度较大，块度大于 0.5 m 的占 50%~70%，山坡角在 30° ~40° 范围内；崩落的块度更大，块度大于 0.5 m 的占 75% 以上，山坡角多大于 40° 。

崩塌、滑坡和泥石流是山区常见的三大地质灾害，它们常常给工农业生产以及人民生命财产造成巨大损失，有时甚至带来毁灭性的灾难。在这三种地质灾害中，泥石流对人类的危害程度最大，滑坡次之，崩塌危害性最小。尽管如此，由于崩塌是山区常见的地质灾害，对人类生存也构成了严重威胁，对工程的破坏也十分严重，尤其是大型的崩塌。如 1980 年 6 月 3 日凌晨 5 点，湖北省远安县盐池河磷矿爆发大型岩体崩塌（山崩），体积 100 万 m^3 的山体突然从标高 700 m 处俯冲到标高 500 m 的谷地。崩塌物堆积成长 560 m，东西宽 400 m，厚 30 m 的巨大岩堆，最大岩块重 2700 多吨，在盐池河上筑起一座高达 38 m 的堤坝。山崩摧毁了磷矿的一座四层楼房，造成 284 人丧生。又如 1992 年 5 月，宝成铁路 190 km 处发生大型崩塌，造成运输中断 30 多天，抢险费用 1000 多万元。2007 年 11 月 20 日宜万铁路高阳寨隧道发生岩崩，造成正在施工的 3 人死亡，1 人受伤，并致湖北利川—上海客车被埋，车上 27 人死亡。

因此，拟建工程场地或其附近存在对工程安全有影响的危岩或崩塌时，应进行危岩和崩塌勘察。

二、崩塌的形成条件

危岩和崩塌勘察的主要方法是进行工程地质测绘和调查，着重分析研究形成崩塌的条件。

崩塌是斜坡上的岩体或土体在多种内外因素作用下失去平衡而发生的。内在条件主要是地质条件，包括地形地貌、地层岩性和地质构造；外在条件主要是诱发崩塌的各种自然因素和人为因素，包括昼夜温差变化、地震、融雪和降雨、地表水的冲刷、人为开挖坡脚、地下采矿和水库蓄水等。

1. 地形条件

斜坡高陡是形成崩塌的必要条件，规模较大的崩塌，一般多发生在高度大于 30 m 坡度大于 45° 的陡峻斜坡上；斜坡的外部坡形对崩塌的形成也有一定的影响，一般在上陡下缓的凸坡和凹凸不平的陡坡上最易发生崩塌。河流峡谷两岸的陡坡常是发生崩塌落石的地段。这是因为峡谷两岸地貌常具有明显的新构造运动上升的特征，山顶与河床相对高差大，从数十米到数百米；峡谷岸坡陡峻，坡度多在 50° 以上，两岸陡峭形成绝壁；岸坡基岩裸露，岩体中常发育有与河流平行的深大张性卸荷裂缝，有的长数十米至百米以上。山区河流凹岸长期遭受水流冲刷，山坡陡峻，也是容易发生崩塌的地段。冲沟岸坡和山坡陡崖处不稳定的危岩较多，也易发生崩塌落石。

2. 岩性条件

斜坡上的危岩体或土体是崩塌的物质来源。各类岩土虽都可以形成崩塌，但不同类型岩土所能形成的崩塌规模和类型有所不同。坚硬岩石具有较大的抗剪强度和抗化能力，能形成陡峻的斜坡，当岩层节理裂隙发育、岩石破碎时易发生较大规模的崩塌。软硬相间的地层，由于风化差异，形成锯齿状坡面。当岩石层上硬下软时，上陡下缓或上凸下凹的坡面也易产生中小型规模的崩塌，崩塌类型往往以坠落和剥落形式为主。

3. 构造条件

岩层的各种结构面如节理面、裂隙面、岩层界面、断层面等都属于抗剪性强度较低且不利于边坡稳定的软弱结构面。当这些不利结构面倾向临空面时，被切割的不稳定岩块易沿结构面发生崩塌。因此，有断裂通过且断裂走向与斜坡展布方向平行的陡坡、多组断裂交汇的峡谷区、断层密集分布岩层破碎的高边坡地段、褶皱通过的高边坡、节理发育的岩石边坡都是易发生崩塌的地段。

4. 外在条件

诱发崩塌的外界因素很多，主要有地震、爆破、暴雨、地下采矿或人工开挖边坡等。强烈的地震会大幅度降低边坡岩体的稳定性，从而诱发斜坡岩体或土体崩塌。一般烈度大于 7 度以上的地震都会诱发大量崩塌。2008 年 5 月 12 日汶川 8.0 级地震就在北川、青川等极灾区诱发了大量的崩塌和滑坡。

融雪、大雨、暴雨和长时间的连续降雨，使得大量地表水渗入坡体，起到软化岩土和软弱结构面的作用以及产生孔隙水压力等，从而诱发崩塌。因此，特大暴雨、大暴雨或在较长时间连续降雨过程中或之后的很短时间内，往往是出现崩塌最多的时间。我国的崩塌，滑坡以及泥石流灾害在发生时间上都有类似的规律。

河流等地表水体不断地冲刷坡脚或浸泡坡脚，会软化岩土，降低坡体强度，降低斜坡稳定性，引起崩塌。

开挖坡脚、地下采空、水库蓄水、泄水等改变坡体原始平衡状态的人类活动，会破坏斜坡岩体(土体)的稳定性,诱发崩塌活动。如水库岸边的崩塌一般多发生在水库蓄水初期或第一个高水位期,库岸岩土体因被库水浸没而软化导致边坡极易失稳。1980年湖北省远安县盐池河磷矿突然发生的大型岩石崩塌主要是由于开采磷矿后,导致采空区上覆山体及地表发生强烈变形所造成的。

第四节　泥石流

一、泥石流及其危害

泥石流是洪水携带大量泥、砂、石块等固体物质,沿着陡峻山间河谷下泄而成的特殊性洪流。其形成过程复杂,暴发突然,来势凶猛,历时短暂,侵蚀和破坏力极大,常给山区人民生命财产和经济建设造成重大灾害。因为我国多山、多地震、多暴雨、水土流失严重,所以泥石流分布普遍,并成为仅次于地震的一种严重地质灾害。据不完全统计,全国已有100多个县、市遭受泥石流袭击,造成直接经济损失数十亿元。泥石流对人类危害主要表现在以下5个方面:

1. 冲毁地面建(构)筑物,淹没人畜,毁坏土地甚至造成村毁人亡的灾难。

2. 摧毁铁路、公路、桥涵等设施,阻断交通,严重时可引起火车、汽车颠覆。1981年暴雨引起宝成铁路和陇海铁路宝天段爆发泥石流,宝成铁路线5座车站被淤埋,50余处受灾,中断行车达两个月之久,成为我国铁路史上最大规模的泥石流灾害之一。

3. 冲毁水利水电设施,严重泥石流常堵塞江河和水库、毁坏大坝等。

4. 冲毁矿山及其设施,淤埋矿山坑道和矿工,影响矿井生产甚至使矿山报废。

5. 严重破坏地质环境和生态环境。泥石流具有强大的侵蚀作用,一次大型的泥石流活动可使沟谷下切几十米,剧烈地改造地表形态,破坏两岸山体的稳定性,使滑坡、崩塌不断发生,加剧泥石流的发展。大型泥石流能将百万立方米的石块冲入河流谷地,堆积在河谷下游开阔地带,形成巨大的堆积扇。

因此,拟建工程场地或其附近有发生泥石流的条件并对工程安全有影响时,应进行专门的泥石流勘察。

二、泥石流的形成条件

泥石流的形成与所在地区的自然条件和人类活动有密切关系,泥石流的形成必须同时具备三个条件:地质条件、地形地貌条件和水源条件。

1. 地质条件

除泥石流的物质组成除水外,还有大量的泥、砂和石块等固体物质,丰富的松散物质(泥、砂、石块)是泥石流产生和发展的物质条件。地质条件包括地质构造、地层岩性、地震活动和新构造运动以及某些物理作用等因素，正是这些地质因素的相互联系和相互作用，才能为泥石流的发生提供充足的固体物质来源。在地质构造复杂、断裂褶皱发育、新构造活动强烈、地震烈度较高、外力地质作用强烈的地区，地表岩层破碎，滑坡、崩塌等物理地质现象发育，地表往往积聚有大量的松散固体物质。在岩层结构疏松软弱、易于风化、节理发育或软硬相间成层地区，也能为泥石流提供丰富的碎屑物来源。此外，一些人类工程经济活动，如滥伐森林造成的水土流失、开山采矿、采石弃渣等，往往也为泥石流提供了大量的物质来源。

2. 地形地貌条件

泥石流从形成、运动到最后堆积，每个过程都需要有适合的场地，形成时必须有汇水和集物场地，运动时须有运动通道，堆积时须有开阔的地形。山高沟深、地势陡峻、沟床纵坡降大的地形有利于泥石流的汇集和流动。泥石流沟谷在地形地貌和流域形态上往往有其独特反映，典型的泥石流沟谷，从上游到下游可分为三个区，即上游形成区、中游流通区和下游堆积区。

形成区多为高山环抱的山间盆地，地形多为三面环山，一面出口的围椅状地形，周围山高坡陡，地形比较开阔，山体破碎、坡积或洪积等成因的松散堆积物发育，地表植被稀少，有利于水和碎屑物质的汇集；流通区多为狭窄陡深峡谷，沟谷两侧山坡陡峻，沟床顺直，纵坡梯度大，有利于泥石流快速下泄；堆积区则多呈扇形或锥形分布，沟道摆动频繁，大小石块混杂、堆积，垄岗起伏不平；对于典型的泥石流沟谷，这些区段均能明显划分，但对不典型的泥石流沟谷，则无明显的流通区，形成区与堆积区直接相连。

3. 水源条件

水不仅是泥石流的重要物质组成，也是泥石流的重要激发条件和搬运介质。泥石流的形成常与短时间内突然性的大量流水有密切关系，如连续降雨、暴雨、冰川积雪消融、水库溃决等。松散固体物质大量充水达到饱和后，结构被破坏，摩擦阻力下降，滑动力加强，从而发生流动。我国形成泥石流的水源主要来自大气降水，因此持续性的降雨和暴雨，尤其是特大暴雨后，导致山区很容易发生泥石流。

第五节　采空区

一、采空区及分类

当地下矿层被采空后，便在地下形成了采空区，采空区上覆及周围岩体失去原有的平衡状态，从而发生移动、变形以至破坏。这种移动、变形和破坏在空间上由采空区逐渐向周围扩展，当采空区范围扩大到一定程度时，岩层移动就波及地表，使地表产生变形和破坏（地表移动），地表从而出现裂缝、塌陷坑和地表移动盆地等。

岩土工程勘察所定义的采空区，一般指地下资源开采后的空间，也指地下开采空间围岩失稳而产生位移、开裂、破碎垮落，直到上覆岩层整体下沉、弯曲所引起的地表变形和破坏的区域及范围。

采空区类型可根据开采规模、形式、时间、采深及煤层倾角等进行划分，具体包括：

1. 根据开采规模和采空区面积可划分为大面积采空区及小窑采空区。小窑采空区是指采空范围较窄、开采深度较浅、采用非正规开采方式开采、以巷道采掘并向两边开挖支巷道、分布无规律或呈网格状、单层或多层重叠交错、大多不支撑或临时简单支撑、任其自由垮落的采空区。

2. 根据开采形式可划分为长壁式开采、短壁式开采、条带式开采、房柱式开采等采空区。长壁式开采是指开采工作面长度一般在 60 m 以上的开采，分走向长壁开采和倾斜长壁开采。短壁式开采是指开采工作面长度一般在 60 m 以下的开采。条带式开采是指将开采区域划分成规则条带，采一条、留一条，以保留矿（岩）柱支撑上覆岩层的一种开采方式，分充填条带和非充填条带。房柱式开采是指在矿层中开掘一系列矿房，采矿在矿房中进行，保留矿（岩）柱支撑上覆岩层的一种开采方式。

3. 根据开采时间和采空区地表变形阶段可划分为老采空区、新采空区和未来（准）采区。老采空区是指已经停止开采且岩层移动和地表变形衰退期已经结束的采空区。新采空区是指地下正在开采或虽已停采但地表移动变形仍处于衰退期内的采空区。未来（准）采空区是指地下赋存有开采价值矿层，已规划设计而目前尚未开采的区域。

4. 根据采深及采厚比可划分为浅层采空区、中深层采空区和深层采空区。浅层采空区是指采深小于 50 m 或采深大于等于 50 m、小于等于 200 m 且采深采厚比 H/M 小于 30 的采空区。中深层采空区是指采深大于等于 50 m、小于等于 200 m 且采深采厚比 H/M 大于等于 30 或采深大于等于 200 m、小于等于 300 m 且采深采厚比 H/M 小于等于 60 的采空区。深层采空区是指采深大于 300 m 或采深大于 200 m、小于等于 300 m 且采深采厚比 H/M 大于等于 60 的采空区。

5. 根据煤层倾角可划分为近水平采空区、缓倾斜采空区、倾斜采空区和急倾斜采空区。近水平采空区是指煤层倾角小于 8° 的采空区；缓倾斜采空区是指煤层倾角介于 8° ~25° 的采空区。倾斜采空区是指煤层倾角介于 25° ~45° 的采空区。急倾斜采空区是指煤层倾角大于 45° 的采空区。

二、采空区上覆岩层变形与破坏

煤层采空后，上覆岩层失去了支撑，发生变形、弯曲、断裂，进而呈不规则的垮落下来，充填采空区。随着采空区面积的不断扩大，岩层的移动变形从煤层直接顶板一直发展到地表，最后在上覆岩层中形成三个破坏程度不同的区域，通常称为顶板“三带”，即垮落带、断裂带和弯曲带。

1. 垮落带一位于采空区矿层直接顶板的岩层，在自重和上覆岩层的重力作用下，发生弯曲、断裂破碎，进而呈不规则垮落，堆积于采空区内。发生垮落的部分称垮落带。

2. 断裂带一位于垮落带上部的岩层在重力作用下，产生移动变形，所受应力超过本身强度，岩层产生裂缝或断裂，但仍保持其原有层状的结构。

3. 弯曲带一断裂带上方直至地表产生弯曲的岩层范围。断裂带上部岩层在重力作用下，变形较小，所受应力尚未超过其本身强度，岩层仅发生连续平缓的弯曲变形，其整体性未遭受破坏，称为弯曲带。

“三带”的形成主要取决于矿层赋存条件、开采方式、顶板管理方法，以及上覆岩层岩性倾角、厚度及强度等。

第六节　地面沉降

一、地面沉降概况及其危害

1. 国内外地面沉降概况

目前，世界上已有 50 多个国家和地区发生了不同程度的地面沉降，如墨西哥的墨西哥城，美国的洛杉矶、加利福尼亚和休斯敦，日本东京、大阪和名古屋，泰国曼谷，意大利波河三角洲和威尼斯，英国柴郡，新西兰怀拉基以及澳大利亚拉特罗布谷地和我国的上海、天津等，其中美国、日本、墨西哥和中国的地面沉降问题更为严重。美国有 20 多个州曾发生地面沉降，加利福尼亚州中部谷地 52 000 km^2 范围中，超过 1/4 面积出现地面沉降，卡特迈市 1930~1975 年累积最大沉降量达 9.0 m。根据 1981 年统计资料，日本发生地面沉降的面积达 952 km^2，占居住面积的 12%，其中 1 128 km^2 的面积处于海平面以下。墨西哥城的最大沉降量超过 9 m，我国地面沉降问题也十分突出，全国有 50 多座城市发生了不同程度地面沉降或地面裂缝。从地域上看，主要分布在以下几类地区：

（1）三角洲冲积平原区，如上海、苏州、无锡、常州盐城。

（2）现代冲积平原区，如松辽平原、黄淮海平原。

（3）滨海平原，如天津、沧州、宁波、湛江、台北等地。

（4）河谷平原和山间盆地，如西安、太原等地。最大累计沉降量超过 1 m 的城市和地区有上海、苏州、无锡、常州、天津、沧州、西安、阜阳、太原、安阳和台北等，其中天津、上海和台北在沉降面积、最大累计沉降量和沉降速率方面出现的问题都曾经是最为严重的。最近几年，各地都相继采取了压缩地下水开采量和人工回灌等一系列措施后，地面沉降已趋缓和。

2. 地面沉降的危害

地面沉降是一种比较严重的地质灾害，对人类的危害极大，主要表现在：

（1）地面沉降直接造成地面标高降低，海平面相对上升，致使沿海地区容易发生风暴潮灾害，并面临海水入侵陆地的危险。况且沿海地区地面标高本来就低，例如，天津是全国地面标高最低的沿海城市，地面高程一般为 3~5 m，天津东部的大港区、塘沽区、汉沽区等靠近渤海湾的区域地面标高只有 1.2 m。截至 2000 年，市区大部分区域剩余标高已低于 3 m，面积约 14 km^2 的区域小于 0.5 m，低于海平面的面积塘沽区已达 8 km^2，汉沽区达 9km^2。如果地面沉降速率得不到有效遏制，不用太久的时间，天津市区将低于海平面，不难想象，其产生的灾难性后果将是人类难以承受的。

（2）地面沉降使城市地面低洼变形，城市排水出现困难，防洪能力下降，暴雨后积水成灾。

（3）地面沉降使地面及地下各种建（构）筑物严重下沉，沉降不均匀时，建筑物将发生倾斜、裂缝甚至出现结构性破坏，还会引起铁路路基下沉、铁轨凸起、桥墩错位、地下管道断裂等。

（4）地面沉降还可能引起地面裂缝，造成建筑物裂缝甚至倒塌、路面开裂等，如邯郸、大同、西安等地地裂缝问题比较严重。

二、地面沉降的控制与治理

1. 已发生地面沉降的地区

对已发生地面沉降的地区，控制地面沉降的基本措施是进行地下水资源管理，可根据工程地质和水文地质条件，采取下列控制和治理方案：

（1）减少地下水开采量和水位降深，调整开采层次，合理开发，当地面沉降发展剧烈时，应暂时停止开采地下水。

（2）对地下水进行人工补给，回灌时应严格按照回灌水源的水质标准，以防止地下水被污染；并根据地下水动态和地面沉降规律，制定合理的采灌方案。

地下水人工补给是借助某些工程措施，把地表水或其他水源注入（渗入）含水层中，人为增加地下水补给或形成新的地下水资源的方法。人工补给可以达到增加地下水资源、储能（冬灌夏用、夏灌冬用）、稳定地下水位和控制地面沉降的目的。拟采取人工补给地下水方法控制地面沉降时，要对人工补给的条件进行可行性分析和论证。待补给的含水层必须有足够的储水空间和良好的渗透性，补给区附近还要有不透水或弱透水的边界。补给水源的水量必须达到一定的标准，水质必须符合有关规定，并且要严格控制回灌水源的水质标准，以防止地下水被污染。人工补给地下水的方法分地面引渗和井灌两种基本类型，以控制地面沉降为目的的补给一般是通过深井回灌进行的。深井回灌时常发生堵塞和回灌井水质变差问题，造成回灌效率降低或使回灌井周围地下水水质变差等。这些问题的存在，在一定程度上限制了人工补给方法的广泛应用。

（3）限制工程建设中的人工降低地下水位。

上海是我国最早发现地面沉降的地区，也是最严重的地区，其综合研究及控制水平目前在国际上首屈一指。上海水文地质大队首创了运用人工回灌的方法控制地面沉降，并在此基础上发展了冬灌夏用和夏灌冬用等技术方法。自1966年以来，上海的地面沉降已基本得到控制。近年来，上海地区对地下水资源进行保护性开发成效显著，实现了使地下水位上升以达到控制地面继续沉降的目的。根据各地控制和治理地面沉降的经验，对已发生地面沉降的地区，加强地下水资源的管理，采取压缩地下水开采量、人工补给地下水、调整开采布局和层次等综合措施是极有效地控制了地面沉降。其中，压缩地下水开采量，使地下水位恢复是控制地面沉降的最主要措施，能取得显著的控沉效果。对于严重超采的区域或含水层，大幅度压缩甚至停止开采地下水是非常必要的措施。

2. 可能发生地面沉降的地区

可能发生地面沉降的地区，一般是指具有以下情况的地区：

（1）具有产生地面沉降的地质环境模式，如冲积平原、三角洲平原、断陷盆地等。

（2）具有产生地面沉降的地质结构，即第四纪松散堆积层厚度很大。

（3）根据已有地面测量和建筑物观测资料，随着地下水的进一步开采，已有发生地面沉降的趋势。

对可能发生地面沉降的地区应预测地面沉降的可能性和估算沉降量，并可采取下列预测和防治措施：

（1）根据场地工程地质、水文地质条件，预测可压缩层的分布。

（2）根据抽水压密试验、渗透试验、先期固结压力试验、流变试验、载荷试验等的测试成果和沉降观测资料，计算分析地面沉降量和发展趋势。

（3）提出合理开采地下水资源，限制人工降低地下水位及在地面沉降区内进行工程建设应采取措施的建议。

对可能发生地面沉降的地区，主要是预测地面沉降的发展趋势，即预测地面沉降量和沉降过程。地面沉降计算是地面沉降勘察与研究中的重要工作，目的在于寻找地下水开采量、水位升降等与地面沉降之间的数量关系，建立数学模型，预测未来一定开采条件下地面沉降变化趋势，为控制或预防地面沉降提供依据。

第七节　场地和地基地震效应

一、场地和地基的地震效应

地震的破坏作用从破坏机理、形式和特点上可以分为振动破坏和地面破坏两种基本类型。振动破坏是指地震使建筑物地基及建筑物结构体系产生振动，而使建筑物遭受严重破坏。地面破坏是指地面岩土体在地震力作用下产生变形和破坏，从而导致以这些岩土为建筑场地和地基的建筑物被破坏，如出现砂土液化、软土震陷、地表开裂、地基失效、滑坡、泥石流等。

地震对建筑物的破坏作用是通过场地、地基和基础传递给上部结构的，场地和地基在地震时起着传播地震波和支撑上部结构的双重作用，因此对建筑物抗震性能具有重要作用。地震造成建筑的破坏，除地震直接引起结构破坏外，还有场地条件的原因，如地震引起的地表错动与地裂，地基土的不均匀沉陷、滑坡和粉、砂土液化等。

场地和地基的地震效应主要表现在以下四个方面：

1. 相同的基底地震加速度，由于覆盖层厚度和土的剪切模量不同，会产生不同的地面运动。

地震时，若建筑物的自振周期与地基土的卓越周期相近或一致，两者便发生共振，从而使振动作用力、振幅和时间大大增加，导致建筑物严重破坏。例如，松软地基往往使地震波放大，地震动周期加长，使具有长周期的柔性建筑物产生大幅度的结构共振效应而被破坏；坚实地基的高频地震动，常常使具有短周期的刚性建筑物产生强烈共振而破坏。1923 年日本关东 7.9 级地震，东京市内软弱地基上的木结构严重损坏，而钢筋混凝土结构则轻微破坏，但在坚硬地基上同类型钢筋混凝土结构却破坏甚重。1976 年 7 月 28 日唐山 7.8 级地震，使阎庄钢筋混凝土大桥及所有高大砖筒水塔倾倒、全毁，而附近一座三层楼的砖石结构，虽然抗剪刚度远小于前者，但完好无损。该结果的出现主要因地基为宁河厚层软黏土，大桥及水塔因共振而发生毁灭性破坏。

2. 强烈的地面运动造成场地和地基的失稳或失效，如地裂、液化、震陷、崩塌、滑坡等。1964 年日本 7.5 级新潟地震，广泛出现了地基砂土液化，按现代抗震设计的 1 530 栋钢筋混凝土建筑物普遍产生不均匀沉陷，310 栋发生严重倾斜。1976 年我国唐山大地震后，大范围发生喷水冒砂现象，导致各种建筑物、河渠、地面等遭受严重破坏。丰南区一庄民房下沉 1 m，天津焦化厂、第二炼钢厂厂房严重破坏，陡河两岸河堤向河心滑移，以致两岸树木交织到一起。1830 年磁县 7.5 级地震和 1966 年邢台 6.8 级地震都普遍出现了地震砂土液化现象，砂土液化造成的各种破坏也比较严重。

3. 地表断裂造成的破坏。

4. 局部地形、地质结构的变异引起地面异常波动造成的破坏。

振动破坏和地面破坏虽都起源于地震，但其震害特征和抗震对策截然不同。振动破坏表现为地震时建筑物与地基土层共振，应从提高建筑结构的抗震能力方面进行设防。对建筑物（构筑物）进行合理的工程抗震设计，可以有效地减轻破坏程度。地面破坏主要表现为地基失稳，应从场地选择和地基处理方面进行防范。例如，选择建筑场地时，宜选择抗震有利地段，避开不利地段，不在危险地段建设等。

二、抗震设防目标

1. 抗震设防原则、目标和抗震设计

我国建筑抗震设防实行以预防为主的方针，本着“小震不坏，大震不倒”的原则制定了抗震设防的目标，其基本内容是：当遭受低于本地区抗震设防烈度的多遇地震影响时，一般不受损坏或不需修理的建筑可继续使用；当遭受相当于本地区抗震设防烈度的地震影响时，可能损坏，经一般修理或不需修理的建筑仍可继续使用；当遭受高于本地区抗震设防烈度预估的罕遇地震影响时，不致倒塌或发生危及生命的建筑可继续使用。

抗震设防烈度为 6 度及以上地区的建筑，必须进行抗震设计。抗震设防烈度大于 9 度地区的建筑和行业有特殊要求的工业建筑，其抗震设计暂应按 1989 年建设部印发（89）建抗字第 426 号《地震基本烈度 X 度区建筑抗震设防暂行规定》的通知执行。

“小震不坏，大震不倒”的原则，我国抗震设防采用三个水准目标来使其具体化。50 年内超越概率约为 63% 的地震烈度为众值烈度，比基本烈度约低一度半，称为第一水准烈度；50 年超越概率约 10% 的烈度即 1990 中国地震烈度区划图规定的地震基本烈度或新修订的中国地震动参数区划图规定的峰值加速度所对应的烈度，为第二水准烈度；50 年超越概率 2%~3% 的烈度可作为罕遇地震的概率水准，为第三水准烈度，当基本烈度 6 度时为 7 度强，7 度时为 8 度强，8 度时为 9 度弱，9 度时为 9 度强。

与各地震烈度水准相应的建筑抗震设防目标是：一般情况下，遭遇第一水准烈度（众值烈度）时，建筑处于正常使用状态，从结构抗震分析角度，可以视为弹性体系，采用弹性反应谱进行弹性分析；遭遇第二水准烈度（基本烈度）时，结构进入非弹性工作阶段，但非弹性变形或结构体系的损坏控制在可修复的范围；遭遇第三水准烈度（预估的罕遇地震）时，结构有较大的非弹性变形，但应控制在规定的范围内，以免倒塌。

建筑抗震设计采用两个阶段实现上述三个水准的设防目标：第一阶段设计是承载力验算，取第一水准的地震动参数，计算结构的弹性地震作用标准值和相应的地震作用效应，并在保证一定可靠度水平基础上，进行结构构件的截面承载力验算。既满足了在第一水准下具有必要的承载力可靠度，又达到第二水准的损坏可修的目标。对于大多数的结构，可只进行第一阶段设计，通过概念设计和抗震构造措施来满足第三水准的设计要求。第二阶段设计是弹塑性变形验算，对特殊要求的建筑、地震时易倒塌的结构以及有明显薄弱层的不规则结构，除进行第一阶段设计外，还要进行结构薄弱部位的弹塑性层间变形验算并采取相应的抗震构造措施，实现第三水准的设防要求。

2. 地震区划图

抗震设防烈度必须按国家规定的权限审批、颁发的文件（图件）确定。

全国性的地震区划是以地震基本烈度或地震动参数为指标，将国土划分为不同抗震设防要求的区域，为一般建设工程（包括新建、改建、扩建）以及编制社会经济发展和国土利用规划提供抗震设防依据。截至目前，我国已先后编制了四代地震烈度区划图，1990 年颁布实施的《中国地震烈度区划图》是第三代地震区划图。它是用基本烈度表征地震危险性的，所谓基本烈度是指设计基准期在 50 年的时期内，在一般场地条件下，可能遭遇超越概率为 10% 的地震烈度值，据此全国划分为 <6°、6°、7°、8°、≥9° 五类基本烈度区。2001 年 8 月我国颁布实施了《中国地震动参数区划图》（GB 18306-2015），这是我国第四代地震区划图。它是以地震动参数即地震动峰值加速度和地震动反应谱特征周

期为指标，按照可能遭受地震影响的危险程度，将全国划分为不同抗震设防要求的区域，编制的《中国地震动峰值加速度区划图 A1》和《中国地震动反应谱特征周期区划图 B1》，规定了地震动参数区划结果及其技术要素和使用规定。我国地震区划图由 1990 年的地震烈度区划转变为现在的地震动参数区划是一项重要的技术进步，其科学性、先进性和工程适用性更强，能更好地反映地震动特性，为一般工业与民用建设工程提供了更加科学合理的抗震设防标准。

抗震设防几个重要的基本概念：

（1）地震动峰值加速度：是指与地震动加速度反应谱最大值相应的水平加速度。

（2）地震动反应谱特征周期：是地震动加速度反应谱开始下降点的周期。

（3）设计地震动参数：是抗震设计用的地震加速度（速度、位移）时程曲线、加速度反应谱和峰值加速度。

（4）设计基本地震加速度：是指 50 年设计基准期超越概率 10% 的地震加速度的设计。

（5）设计特征周期：是指抗震设计用的地震影响系数曲线中，反映地震震级、震中距和场地类别等因素的下降段起始点对应的周期值。

第四章 特殊性岩土的岩土工程勘察与评价

第一节 黄土和湿陷性土

一、湿陷性黄土

湿陷性黄土是一种非饱和的欠压密土，具有大孔和垂直节理的特点，在天然湿度下，其压缩性较低，强度较高，但遇水浸湿时，土的强度显著降低，在附加压力或在附加压力与土的自重压力下引起的湿陷变形，是一种下沉量大、下沉速度快的失稳性变形，对建筑物危害性大。我国湿陷性黄土主要分布在山西、陕西、甘肃的大部分地区，河南西部和宁夏、青海、河北的部分地区，此外，新疆维吾尔自治区、内蒙古自治区和山东、辽宁、黑龙江等省，局部地区亦分布有湿陷性黄土。

湿陷性黄土勘察的重点：

在湿陷性黄土场地进行岩土工程勘察，应结合建筑物功能、荷载与结构等特点和设计要求，对场地与地基做出评价，并就防止、降低或消除地基的湿陷性提出可行的措施建议。应查明下列内容：

1. 黄土地层的时代、成因。
2. 湿陷性黄土层的厚度。
3. 湿陷系数、自重湿陷系数和湿陷起始压力随深度的变化。
4. 场地湿陷类型和地基湿陷等级的平面分布。
5. 变形参数和承载力。
6. 地下水等环境水的变化趋势。
7. 其他工程地质条件。

二、湿陷性土

湿陷性土在我国分布广泛，除常见的湿陷性黄土外，在我国干旱和半干旱地区，特别是在山前洪、坡积扇（裙）中常遇到湿陷性碎石土、湿陷性砂土和其他湿陷性土等。这种土在一定压力下浸水也常呈现强烈的湿陷性。由于这类湿陷性土的特殊性质不同于湿陷性黄土，在评价方面尚不能完全沿用我国现行国家标准《湿陷性黄土地区建筑规范》（GB 50025-2004）的有关规定。

1. 湿陷性土的判定

这类非黄土的湿陷性土的勘察评价首先要判定其是否具有湿陷性。当这类土不能如黄土那样进行室内浸水压缩试验，在一定压力下测定湿陷系数，并以该值等于或大于0.015 作为判定湿陷性黄土的标准界限时，规范规定：采用现场浸水载荷试验作为判定湿陷性土的基本方法，在 200 kPa 压力下浸水载荷试验的附加湿陷量与承压板宽度之比等于或大于 0.023 的土，应判定为湿陷性土。

2. 湿陷性土勘察的要求

湿陷性土场地勘察，除应遵守一般建筑场地的有关规定外，尚应符合下列要求：

（1）有湿陷性土分布的勘察场地，由于地貌、地质条件比较特殊，土层产状多较复杂，勘探点间距不宜过大，应按一般建筑场地取小值。对湿陷性土分布极不均匀场地应加密勘探点。

（2）控制性勘探孔深度应穿透湿陷性土层。

（3）应查明湿陷性土的年代、成因、分布和其中的夹层、包含物、胶结物的成分和性质。

（4）湿陷性碎石土和砂土，宜采用动力触探试验和标准贯入试验确定力学特性。

（5）不扰动土试样应在探井中采取。

（6）不扰动土试样除测定一般物理力学性质外，尚应作土的湿陷性和湿化试验。

（7）对不能取得不扰动土试样的湿陷性土，应在探井中采用大体积法测定密度和含水量。

（8）对于厚度超过的湿陷性土，应在不同深度处分别进行浸水载荷试验，并使其不受相邻试验的浸水影响。

第二节　红黏土

一、红黏土的成因和分布

红黏土是我国红土的一个亚类，即母岩为碳酸盐岩系（包括间夹其间的非碳酸盐岩类岩石）经湿热条件下的红土化作用形成的高塑性黏土这一特殊土类。红黏土包括原生与次生红黏土。颜色为棕红或褐黄，覆盖于碳酸盐岩系之上，其液限大于或等于 50% 的高塑性黏土应判定为原生红黏土。原生红黏土经搬运、沉积后仍保留其基本特征，且其液限大于 45% 的黏土，可判定为次生红黏土。原生红黏土相对易于判定，次生红黏土则可能具备某种程度的过渡性质。勘察中应通过第四纪地质、地貌的研究，根据红黏土特征保留的程度确定是否判定为次生红黏土。

红黏土广泛分布在我国云贵高原、四川东部、两湖和两广北部一些地区，是一种区域性的特殊土。红黏土主要为残积、坡积类型，一般分布在山坡、山麓、盆地或洼地中。其厚度变化很大，且与原始地形和下伏基岩面的起伏变化密切相关。分布在盆地或洼地时，其厚度变化大体是边缘较薄，向中间逐渐增厚。当下伏基岩中溶沟、溶槽、石芽较发育时，上覆红黏土的厚度变化极大。就地区而论，贵州的红黏土厚度为 3~6 m，超过 10 m 者较少；云南地区一般为 7~8 m，个别地段可达 10~20 m；湘西、鄂西、广西等地一般在 10 m 左右。

二、红黏土的主要特征

1. 成分、结构特征

红黏土的颗粒细而均匀，黏粒含量很高，尤以小于 0.002 mm 的细黏粒为主。矿物成分以黏土矿物为主，游离氧化物含量也较高，碎屑矿物较少，水溶盐和有机质含量都很少。黏土矿物以高岭石和伊利石为主，含少量埃洛石、绿泥石、蒙脱石等，游离氧化物中 Fe_2O_3 多于 Al_2O_3 碎屑矿物主要是石英。红黏土由于黏粒含量较高，常呈蜂窝状和棉絮状结构，颗粒之间具有较牢固的铁质或铝质胶结。红黏土中常有很多裂隙、结核和土洞存在，影响土体的均一性。

2. 红黏土的工程地质性质特征

（1）高塑性和分散性。颗粒细而均匀，黏粒含量很高，一般在 50%~70% 之间，最大可超过 80%。塑限、液限和塑性指数都很大，液限一般在 60%~80% 之间，有的高达 110%；塑限一般在 30%~60% 之间，有的高达 90%；塑性指数一般为 25~50。

（2）高含水率、低密实度。天然含水率一般为 30%~60%，最高可达 90%，与塑限基本相当；饱和度在 85% 以上；孔隙比很大，一般都超过 1.0，常为 1.1~1.7，有的甚至超过 2.0，且大孔隙明显；液性指数一般都小于 0.4，故多数处于坚硬或硬塑状态。

（3）强度较高，压缩性较低。固结快剪 ϕ 值一般为 8°~18°，c 值一般为 0.04~0.09 MPa；压缩模量一般为 6~16 MPa，多属中低压缩性土。

（4）具有明显的收缩性，膨胀性轻微。失水后原状土的收缩率一般为 7%~22%，最高可达 25%，扰动土可达 40%~50%；浸水后多数膨胀性轻微，膨胀率一般小于 2%，个别较大些。某些红黏土因收缩或膨胀强烈而属于膨胀土类。

第三节　软土

一、软土中淤泥类土的成因及分布

淤泥类土在我国分布很广，不但在沿海、平原地区广泛分布，而且在山岳、丘陵、高原地区也有分布。按成因和分布情况，我国淤泥类土基本上可以分为两大类：一类是沿海沉积的淤泥类土；一类是内陆和山区湖盆地以及山前谷地沉积的淤泥类土。

我国沿海沉积的淤泥类土分布广、厚度大、土质疏松软弱，其成因类型有滨海相、潟湖相、溺谷相、三角洲相及其混合类型。滨海相淤泥类土主要分布于湛江、香港、厦门、温州湾、舟山、连云港、天津塘沽、大连湾等地区，表层为3~5 m厚的褐黄色粉质黏土，以下为厚度达数十米的淤泥类土，常夹粉砂薄层或粉砂透镜体。潟湖相淤泥类土主要分布于浙江温州与宁波等地，地层较单一，厚度大，分布广，沉积物颗粒细小而均匀，常形成滨海平原。溺谷相淤泥类土主要分布于福州市闽江口地区，表层为耕土或人工填土及薄而致密的细粒土，以下便为厚5~15 m的淤泥类土。三角洲相淤泥类土主要分布于长江三角洲和珠江三角洲地区，属海陆交互相沉积，淤泥类土层分布宽广，厚度均匀稳定，因海流及波浪作用，分选程度较差，具较多交错斜层理或不规则透镜体夹层。

我国内陆和山区湖盆地沉积的淤泥类土，分布零星，厚度较小、性质变化大，其成因类型主要有湖相、河漫滩相及牛轭湖相。湖相淤泥类土主要分布于滇池东部、洞庭湖、洪泽湖、太湖等地，颗粒细微均匀，层较厚（一般为10~20 m），不夹或很少夹砂层，常有厚度不等的泥炭夹层或透镜体。河漫滩相淤泥类土主要分布于长江中下游河谷附近，这种淤泥类土常夹于上层细粒土中，是由局部淤积形成的，其成分、厚度及性质都变化较大，呈袋状或透镜体状，一般厚度小于10 m。牛轭湖相淤泥类土与湖相淤泥类土相近，分布范围小，常有泥炭夹层，一般呈透镜体状埋藏于冲积层之下。

我国广大山区沉积有“山地型”淤泥类土，其主要是由当地的泥灰岩、各种页岩、泥岩的风化产物和地面的有机质，经水流搬运沉积在地形低洼处，后经长期水泡软化及微生物作用而形成。该类土质以坡洪积、湖积和冲积三种成因类型为主，其特点是：分布面积不大，厚度与性质变化较大，且多分布于冲沟、谷地、河流阶地及各种洼地之中。

二、软土的成分和结构特征

软土是在水流不通畅、缺氧和饱水条件下形成的近代沉积物，物质组成和结构具有一定的特点。粒度成分主要为粉粒和黏粒，一般属黏土或粉质黏土、粉土。其矿物成分主要为石英、长石、白云母及大量蒙脱石、伊利石等黏土矿物，并含有少量水溶盐，有机质含量较高，一般为6%~15%，个别可达17%~25%。淤泥类土具有蜂窝状和絮状结构，疏松多孔，具有薄层状构造。厚度不大的淤泥类土常是淤泥质黏土、粉砂土、淤泥或泥炭交互成层或呈透镜体状夹层。

三、软土的工程地质特征

1. 软土主要由黏粒、粉粒组成，小于0.075 mm粒径的土粒占土样总质量的50%以上。

2. 孔隙比 e >1.0。

3. 天然含水量高，w=30%~80%，含水量大于液限。

4. 压缩性高，且长期不易达到固结稳定，压缩系数在 0.5 MPa-1 以上。

5. 抗剪强度低，不排水时，内摩擦角 ϕ≈0，黏聚力 c 小于 20 kPa，抗剪强度 Cu 小于 30 kPa。

6. 排水抗剪时，抗剪强度随排水（固结）程度有明显的增加。

7. 透水性差，透水系数小于 1×10-6cm · s-1-1，对地基排水固结不利，固结需要相当长的时间，建筑物沉降延续的时间较长。

8. 有较强的结构性，灵敏度 St 大于 4。

9. 软土具有流变性，在剪应力作用下，土体发生缓慢而长期的剪切变形。

10. 软土具有触变性，一经扰动，土粒间结构联结易受破坏，使土稀释、液化，故软土在地震作用下极易产生震陷和处于流动状态，使土体滑流。

第四节　混合土

由细粒土和粗粒土混杂且缺乏中间粒径的土应定名为混合土。

混合土在颗粒分布曲线形态上反映呈不连续状。主要成因有坡积、洪积、冰水沉积。经验和专门研究表明，黏性土、粉土中的碎石组分的质量只有超过总质量的 25% 时，才能起到改善土的工程性质的作用；而在碎石土中，黏粒组分的质量大于总质量的 25% 时，则对碎石土的工程性质有明显的影响，特别是当含水量较大时。因此规定：当碎石土中粒径小于 0.075 mm 的细粒土质量超过总质量的 25% 时，应定名为粗粒混合土；当粉土或黏性土中粒径大于 2 mm 的粗粒土质量超过总质量的 25% 时，应定名为细粒混合土。

一、混合土勘察的基本要求

1. 混合土工程地测绘与调查的重点

混合土的工程地质测绘与调查的重点在于查明：

（1）混合土的成因、物质来源及组成成分以及其形成时期。

（2）混合土是否具有湿陷性、膨胀性。

（3）混合土与下伏岩土的接触情况以及接触面的坡向和坡度。

（4）混合土中是否存在崩塌、滑坡、潜蚀现象及洞穴等不良地质现象。

（5）当地利用混合土作为建筑物地基、建筑材料的经验以及各种有效的处理措施。

2. 勘察的重点

（1）查明地形和地貌特征，混合土的成因、分布，下卧土层或基岩的埋藏条件。

（2）查明混合土的组成、均匀性及其在水平方向和垂直方向上的变化规律。

3. 勘察方法及工作量布置

（1）宜采用多种勘探手段，如井探、钻探、静力触探、动力触探以及物探等。勘探孔的间距宜较一般土地区为小，深度则应较一般土地区为深。

（2）混合土大小颗粒混杂，除了从钻孔中采取不扰动土试样外，一般应有一定数量的探井，以便直接观察，并应采取大体积土试样进行颗粒分析和物理力学性质测定；如不能取得不扰动土试样时，则采取数量较多的扰动土试样，应注意试样的代表性。

（3）对粗粒混合土动力触探是很好的原位手段，但应有一定数量的钻孔或探井检验。

（4）现场载荷试验的承压板直径和现场直剪试验的剪切面直径都应大于试验土层最大粒径的5倍，载荷试验的承压板面积不应小于0.5 m^2，直剪试验的剪切面面积不宜小于0.25 m^2。

（5）混合土的室内试验方法及试验项目除应注意其与一般土试验的区别外，试验时还应注意土试样的代表性。在使用室内试验资料时，应估计由于土试样代表性不够所造成的影响。同时必须充分估计到由于土中所含粗大颗粒对土样结构的破坏和对测试资料的正确性和完备性的影响，不可盲目地套用一般测试方法和不加分析地使用测试资料。

二、混合土的岩土工程评价

混合土的岩土工程评价应包括下列内容：

1. 混合土的承载力应采用载荷试验、动力触探试验并结合当地经验确定。

2. 混合土边坡的容许坡度值可根据现场调查和当地经验确定，对重要工程应进行专门试验研究。

第五节　填土

一、填土的分类

填土根据物质组成和堆填方式，可分为下列四类：

1. 素填土——由碎石土、砂土、粉土和黏性土等一种或几种材料组成，不含或很少含杂物。

2. 杂填土——含有大量建筑垃圾、工业废料或生活垃圾等杂物。

3. 冲填土——由水力冲填泥沙形成。

4. 压实填土——按一定标准控制材料成分、密度、含水量，分层压实或夯实而成。

二、填土勘察的基本要求

1. 填土勘察的重点内容

（1）收集资料，调查地形和地物的变迁，填土的来源、堆积年限和堆积方式。

（2）查明填土的分布、厚度、物质成分、颗粒级配、均匀性、密实性、压缩性和湿陷性、含水量及填土的均匀性等信息，对冲填土尚应了解其排水条件和固结程度。

（3）调查有无暗浜、暗塘、渗井、废土坑、旧基础及古墓的存在。

（4）查明地下水的水质对混凝土的腐蚀性和相邻地表水体的水力联系。

2. 勘察方法与工作量布置

（1）勘探点一般按复杂场地布置加密加深，对暗埋的塘、浜、沟、坑的范围，应予追索并圈定。勘探孔的深度应穿透填土层。

（2）勘探方法应根据填土性质，针对不同的物质组成，确定采用不同的手段。对由粉土或黏性土组成的素填土，可采用钻探取样、轻型钻具如小口径螺纹钻、洛阳铲等与原位测试相结合的方法；对含较多粗粒成分的素填土和杂填土宜采用动力触探、钻探；杂填土成分复杂，均匀性很差，单纯依靠钻探难以查明，应有一定数量的探井。

（3）测试工作应以原位测试为主，辅以室内试验，填土的工程特性指标，宜采用下列测试方法确定：

填土的均匀性和密实度宜采用触探法，并辅以室内试验。轻型动力触探适用于黏性、粉性素填土，静力触探适用于冲填土和黏性素填土，重型动力触探适用于粗粒填土；

填土的压缩性、湿陷性宜采用室内固结试验或现场载荷试验；

杂填土的密度试验宜采用大容积法；

对压实填土（压实黏性土填土），在压实前应测定填料的最优含水量和最大干密度，压实后应测定其干密度，计算压实系数。大量的、分层的检验，可用微型贯入仪测定贯入度，作为密实度和均匀性的比较数据。

第六节　多年冻土

一、多年冻土勘察的基本要求

1. 多年冻土勘察的重点

多年冻土的设计原则有“保持冻结状态的设计”，“逐渐融化状态的设计”和“预先融化状态的设计”。不同的设计原则对勘察的要求是不同的。多年冻土勘察应根据多年冻土的设计原则,基于多年冻土的类型和特征进行,并应查明下列内容:

(1)多年冻土的分布范围及上限深度及其变化值,是各项工程设计的主要参数。影响上限深度及其变化的因素很多,如季节融化层的导热性能、气温及其变化,地表受日照和反射热的条件,多年地温等。确定上限深度主要有下列方法:

野外直接测定:在最大融化深度的季节,通过勘探或实测地温,直接进行鉴定;在衔接的多年冻土地区,在非最大融化深度的季节进行勘探时,可根据地下冰的特征和位置判断上限深度。

用有关参数或经验方法计算:东北地区常用上限深度的统计资料或公式计算,或用融化速率推算;青藏高原常用外推法判断或用气温法、地温法计算。

(2)多年冻土的类型、厚度、总含水量、构造特征、物理力学和热学性质。多年冻土的类型,按埋藏条件分为衔接多年冻土和不衔接多年冻土;按物质成分有盐渍多年冻土和泥炭多年冻土;按变形特性分为坚硬多年冻土、塑性多年冻土和松散多年冻土。多年冻土的构造特征有整体状构造、层状构造、网状构造等。

(3)多年冻土层上水、层间水和层下水的赋存形式、相互关系及其对工程的影响。

(4)多年冻土的融沉性分级和季节融化层土的冻胀性分级。

(5)厚层地下冰、冰锥、冰丘、冻土沼泽、热融滑塌、热融湖塘、融冻泥流等不良地质作用的形态特征、形成条件、分布范围、发生发展规律及其对工程的危害程度。

2. 多年冻土的勘探点间距和勘探深度

多年冻土地区勘探点的间距,除应满足一般土层地基的要求外,尚应适当加密,以查明土的含冰变化情况和上限深度。多年冻土勘探孔的深度,应符合设计原则的要求,满足下列要求:

(1)对保持冻结状态设计的地基,不应小于基底以下 2 倍基础宽度,对桩基应超过桩端以下 5 m;大、中桥地基的勘探深度不应小于 20 m;小桥和挡土墙的勘探深度不应小于 12 m;涵洞不应小于 7 m。

(2)对逐渐融化状态和预先融化状态设计的地基,应符合非冻土地基的要求;道路路堑的勘探深度,应至最大季节融冻深度下 2~3 m。

(3)无论何种设计原则,勘探孔的深度均宜超过多年冻土上限深度的 1.5 倍。

(4)在多年冻土的不稳定地带,应有部分钻孔查明多年冻土下限深度;当地基为饱冰冻土或含土冰层时,应穿透该层。

(5)对直接建在基岩上的建筑物或对可能经受地基融陷的三级建筑物,勘探深度可依照一般地区勘察要求。

3. 多年冻土的勘探测试

(1)多年冻土地区钻探宜缩短施工时间,为避免钻头摩擦生热而破坏冻层结构,保持岩芯核心土温不变,宜采用大口径低速钻进,一般开孔孔径不宜小于 130 mm,终孔直径不宜小于 108 mm，回次钻进时间不宜超过 5 min，进尺不宜超过 0.3 m，遇含冰量大的泥炭或黏性土可进尺 0.5 m；钻进中使用的冲洗液可加入适量食盐，以降低冰点，必要时可采用低温泥浆，以避免在钻孔周围造成人工融区或孔内冻结。

（2）应分层测定地下水位。

（3）保持冻结状态设计地段的钻孔，孔内测温工作结束后应及时回填。由于钻进过程中孔内蓄存了一定热量，要经过一段时间的散热后才能恢复到天然状态的地温，其恢复的时间随深度的增加而增加，一般 20 m 深的钻孔需一星期左右的恢复时间，因此孔内测温工作应在终孔七天后进行。

（4）取样的竖向间隔，除应满足一般要求外，在季节融化层应适当加密，试样在采取、搬运、贮存、试验过程中应避免融化；进行热物理和冻土力学试验的冻土试样，取出后应立即冷藏，尽快试验。

（5）试验项目除按常规要求外，尚应根据工程要求和现场具体情况，与设计单位协商后确定，进行总含水量、体积含冰量、相对含冰量、未冻水含量、冻结温度、导热系数、冻胀量、融化压缩等项目的试验；对盐渍化多年冻土和泥炭化多年冻土，尚应分别测定易溶盐含量和有机质含量。

（6）工程需要时，可建立地温观测点，进行地温观测。

（7）当需查明与冻土融化有关的不良地质作用时，调查工作宜在二至五月份进行；多年冻土上限深度的勘察时间宜在九、十月份。

二、多年冻土的岩土工程评价

多年冻土的岩土工程评价应符合下列要求：

1. 地基设计时，多年冻土的地基承载力，保持冻结地基与容许融化地基的承载力大不相同，必须区别对待。地基承载力目前尚无计算方法，只能结合当地经验用载荷试验或其他原位测试方法综合确定，对次要建筑物可根据邻近工程经验确定。

2. 除次要的临时性的工程外，建筑物一定要避开不良地段，选择有利地段。宜避开饱冰冻土、含土冰层地段和冰锥、冰丘、热融湖、厚层地下冰，融区与多年冻土区之间的过渡带，宜选择坚硬岩层、少冰冻土和多冰冻土地段以及地下水位或冻土层上水位低的地段和地形平缓的高地。

第五章 岩土工程勘察方法

第一节 工程地质测绘和调查

一、概述

工程地质测绘与调查是勘测工作的手段之一，是最基本的勘察方法和基础性工作。通过测绘和调查，将查明的工程地质条件及其他有关内容如实地反映在一定比例尺的地形底图上，对进一步的勘测工作有一定的指导意义。

"测绘"是指按有关规范规程的规定要求所进行的地质填图工作。"调查"是指达不到有关规范规程规定的要求所进行的地质填图工作，如降低比例尺精度、适当减少测绘程序、缩小测绘面积或针对某一特殊工程地质问题等。对复杂的建筑场地应进行工程地质测绘，对中等复杂的建筑场地可进行工程地质测绘或调查，对简单或已有地质资料的建筑场地可进行工程地质调查。

工程地质测绘与调查宜在可行性研究或初步设计勘测阶段进行。对于施工图设计勘测阶段，视需要，在初步设计勘测阶段测绘与调查的基础上，对某些专门地质问题（如滑坡、断裂带的分布位置及影响等）进行必要的补充测绘。但是，并非每项工程的可行性研究或初步设计勘测阶段都要进行工程地质测绘与调查，而是视工程需要而定。

工程地质测绘与调查的基本任务是：查明与研究建筑场地及其相邻有关地段的地形、地貌、地层岩性、地质构造，不良地质现象、地表水与地下水情况、当地的建筑经验及人类活动对地质环境造成的影响，结合区域地质资料，分析场地的工程地质条件和存在的主要地质问题，为合理确定与布置勘探和测试工作提供依据。高精度的工程地质测绘，不但可以直接用于工程设计，而且为其他类型的勘察工作奠定了基础，可有效地查明建筑区或场地的工程地质条件，并且大大缩短工期，节约成本，提高勘察工作的效率。

工程地质测绘可分为两种：一种是以全面查明工程地质条件为主要目的的综合性测绘；另一种是对某一工程地质要素进行调查的专门性测绘。无论何者，都服务于建筑物的规划、设计和施工，使用时都有特定的目的。

工程地质测绘的研究内容和深度应根据场地的工程地质条件确定，必须目的明确、重点突出、准确可靠。

二、工程地质测绘的内容

工程地质测绘的研究内容主要是工程地质条件，其次是对已有建筑区和采掘区的调查。某一地质环境内建筑经验和建筑兴建后出现的所有工程地质现象，都是极其宝贵的资料，应予以收集和调查。工程地质测绘是在测区实地进行的地面地质调查工作，工程地质条件中各有关研究内容，凡能通过野外地质调查解决的，都属于工程地质测绘的研究范围。被掩埋于地下的某些地质现象也可通过测绘或配合适当勘察工作加以了解。

工程地质测绘的方法和研究内容与一般地质测绘方法相类似，但不等同于它们，主要因为工程地质测绘是为工程建筑服务的。不同勘察阶段、不同建筑对象，其研究内容的侧重点、详细程度和定量化程度等是不同的。实际工作中，应根据勘察阶段的要求和测绘比例尺大小，分别对工程地质条件的各个要素进行调查研究。

工程地质测绘和调查，宜包括下列内容：

1. 查明地形、地貌特征，地貌单元形成过程及其与地层、构造、不良地质现象的关系，划分地貌单元。

2. 岩土的性质、成因、年代、厚度和分布。对岩层应查明风化程度，对土层应区分并明确新近堆积土、特殊性土的分布及其工程地质条件。

3. 查明岩层的产状及构造类型、软弱结构面的产状及其性质，包括断层的位置、类型、产状、断距、破碎带的宽度及充填胶结情况，岩、土层接触面及软弱夹层的特性等，第四纪构造活动的形迹、特点及与地震活动的关系。

4. 查明地下水的类型、补给来源、排泄条件、井、泉的位置、含水层的岩性特征，埋藏深度、水位变化、污染情况及其与地表水体的关系等。

5. 收集气象、水文、植被、土的最大冻结深度等资料，调查最高洪水位及其发生时间、淹没范围。

6. 查明岩溶、土洞、滑坡、泥石流，崩塌、冲沟、断裂、地震震害和岸边冲刷等不良地质现象的形成、分布、形态、规模、发育程度及其对工程建设的影响。

7. 调查人类工程活动对场地稳定性的影响，包括人工洞穴、地下采空、大挖大填、抽水排水及水库诱发地震等。

8. 建筑物的变形和建筑经验。

三、工程地质测绘范围、比例尺和精度

1. 工程地质测绘范围

在规划建筑区进行工程地质测绘，选择的范围过大会增大工作量，范围过小则不能有效查明工程地质条件，满足不了建筑物的要求。因此，需要合理选择测绘范围。

工程地质测绘与调查的范围应包括：

（1）拟建厂址的所有建（构）筑物场地。建筑物规划和设计的开始阶段，涉及较大范

围、多个场地的方案比较，测绘范围应包括与这些方案有关的所有地区。当工程进入后期设计阶段，只对某个具体场地或建筑位置进行测量调查，其测绘范围只需局限于某建筑区的小范围。可见，工程地质测绘范围随勘察阶段的提高而越来越小。

（2）影响工程建设的不良地质现象分布范围及其生成发育地段。

（3）因工程建设引起的工程地质现象可能影响的范围。建筑物的类型、规模不同，对地质环境的作用方式、强度、影响范围也就不同。工程地质测绘应视具体建筑类型选择合理的测绘范围。例如，大型水库库水向大范围地质体渗入，必然引起较大范围地质环境变化；一般民用建筑，建筑物荷重使小范围内的地质环境发生变化。那么，前者的测绘范围至少要包括地下水影响到的地区，而后者的测绘范围则相对较小。

（4）对查明测区工程地质条件有重要意义的场地邻近地段。

（5）工程地质条件特别复杂时，应适当扩大范围。工程地质条件复杂而地质资料不充足的地区，测绘范围应比在一般情况下适当扩大，以能充分查明工程地质条件、解决工程地质问题为原则。

2. 工程地质测绘比例尺

工程地质测绘比例尺主要取决于勘察阶段、建筑类型、规模和工程地质条件复杂程度。建筑场地测绘的比例尺，可行性研究勘察可选用 1∶5000~1∶50000；初步勘察可选用 1∶2000~1∶10 000；详细勘察可选用 1∶500~1∶2 000；同一勘察阶段，当其地质条件比较复杂，工程建筑物又很重要时，比例尺可适当放大。

对工程有重要影响的地质单元体（滑坡、断层、软弱夹层、洞穴、泉等），可采用扩大比例尺表示的方法。

3. 工程地质测绘精度

所谓测绘精度，系指野外地质现象观察、描述及表示在图上的精确程度和详细程度。野外地质现象能否客观地反映在工程地质图上，除了调查人员的技术素养外，还取决于工作细致程度。为此，对野外测绘点数量及工程地质图上表达的详细程度做出原则性规定：地质界线和地质观测点的测绘精度，在图上不应低于 3 mm。

野外观察描述工作中，不论何种比例尺，都要求整个图幅上平均 2~3 cm 范围内应有观测点。例如，比例尺 1∶50 000 的测绘，野外实际观察点 0.5~1 个 /km^2。实际工作中，视条件的复杂程度和观察点的实际地质意义，观察点间距可适当加密或加大，不必平均布点。

在工程地质图上，工程地质条件各要素的最小单元划分应与测绘的比例尺相适应。一般来讲，在图上最小投影宽度大于 2 mm 的地质单元体，均应按比例尺表示在图上。例如，比例尺 1∶2 000 的测绘，实际单元体（如断层带）尺寸大于 4 m 者均应表示在图上。重要的地质单元体或地质现象可适当夸大比例尺即用超比例尺表示。

为了使地质现象精确地表示在图上，要求任何比例尺图上界线误差不得超过 3 mm。为了达到精度要求，通常要求在测绘填图中，采用比提交成图比例尺大一级的地形图作为填图的底图，如进行 1∶10000 比例尺测绘时，常采用 1∶5000 的地形图作为外业填图底图。外业填图完成后再缩成 1∶10000 的成图，以提高测绘的精度。

四、工程地质测绘方法要点

工程地质测绘方法与一般地质测绘方法基本一样，在测绘区合理布置若干条观测路线，沿线布置一些观察点，对有关地质现象观察描述。观察路线布置应以最短路线观察最多的地质现象为原则。野外工作中，要注意点与点、线与线之间地质现象的互相联系，最终形成对整个测区空间上总体概念的认识。同时，还要注意把工程地质条件和拟建工程的作用特点联系起来分析研究，以便初步判断可能存在的工程地质问题。

地质观测点的布置、密度和定位应满足下列要求：

1. 在地质构造线、地层接触线、岩性分界线，标准层位和每个地质单元体上应有地质观测点。

2. 地质观测点的密度应根据场地的地貌、地质条件、成图比例尺及工程特点等确定，并应具代表性。

3. 地质观测点应充分利用天然和人工露头，如采石场、路堑、井、泉等；当露头少时，应根据具体情况布置一定数量的勘探工作。条件适宜时，还可配合进行物探工作，探测地层、岩性、构造、不良地质作用等问题。

4. 地质观测点的定位标测，对成图的质量影响很大，应根据精度要求和地质条件的复杂程度选用目测法、半仪器法和仪器法。地质构造线、地层接触线、岩性分界线、软弱夹层、地下水露头、有重要影响的不良地质现象等特殊地质观测点，宜用仪器法定位。

目测法—适用于小比例尺的工程地质测绘，该法系根据地形、地物以目估或步测距离标测。

半仪器法—适用于中等比例尺的工程地质测绘，它是借助罗盘仪、气压计等简单的仪器测定方位和高度，使用步测或测绳量测距离。

仪器法—适用于大比例尺的工程地质测绘，即借助经纬仪、水准仪、全站仪等较精密的仪器测定地质观测点的位置和高程。对于有特殊意义的地质观测点，如地质构造线、不同时代地层接触线、不同岩性分界线、软弱夹层、地下水露头以及有不良地质作用等，均宜采用仪器法。

卫星定位系统（GPS）—满足精度条件下均可应用。

为了保证测绘工作更好地进行，工作开始前应做好充分准备，如文献资料查阅分析工作，现场踏勘和工作部署，标准地质剖面绘制和工程地质填图单元划分等。测绘过程中，要切实做好地质现象记录、资料及时整理、分析等工作。

进行大面积中小比例尺测绘或者在工作条件不便等情况下进行工程地质测绘时，可以借助航片、卫片解译一些地质现象，对于提高测绘精度和加快工作进度，都会达到良好效果。航、卫片以其不同的色调、图像形状、阴影、纹形等，反映了不同地质现象的基本特征。对研究地区的航、卫片进行细致的解译，便可得到许多地质信息。我国利用航、卫片配合工程地质测绘或解决一些专门问题已取得不少经验。例如，低阳光角航片能迅速有效地查明活断层；红外扫描图片，能较好地分析水文地质条件；小比例尺卫片，便于进行地貌特征的研究；大比例尺航片对研究滑坡、泥石流、岩溶等物理地质现象非常有效。在进行区域工程地质条件分析，评价区域稳定性，进行区域物理地质现象和水文地质条件调查分析，进行区域规划和选址、地质环境评价和监测等方面，航、卫片的应用前景是非常广阔的。

收集航片与卫片的数量，同一地区应有 2~3 套，一套制作镶嵌略图，一套用于野外调绘，一套用于室内清绘。

初步解译阶段，主要对航片与卫片进行系统的立体观测，对地貌及第四纪地质进行解译，划分松散沉积物与基岩界线，进行初步构造解译等。第二阶段是野外踏勘与验证。携带图像到野外，核实各典型地质体在照片上的位置，并选择一些地段进行重点研究，以及在一定间距穿越一些路线，做一些实测地质剖面和采集必要的岩性地层标本。

利用遥感影像资料解译进行工程地质测绘时，现场检验地质观测点数宜为工程地质测绘点数的 30%~50%。野外工作应包括下列内容：检查解译标志，检查解译结果，检查外推结果，对室内解译难以获得的资料进行野外补充。最后阶段成图，将解译取得的资料、野外验证取得的资料及其他方法取得的资料，集中转绘到地形底图上，然后进行图面结构的分析。如有不合理现象，要进行修正，重新解译。必要时，直到野外复验，至整个图面结构合理。

五、工程地质测绘与调查的成果资料

工程地质测绘与调查的成果资料应包括工程地质测绘实际材料图、综合工程地质图或工程地质分区图、综合地质柱状图、工程地质剖面图及各种素描图、照片和文字说明。

如果是为解决某一专门的岩土工程问题，也可编绘专门的图件。

第二节　工程地质勘探和取样

一、概述

通过工程地质测绘对地面基本地质情况有了初步了解以后，当需进一步探明地下隐伏的地质现象，了解地质现象的空间变化规律，查明岩土的性质和分布。采取岩土试样或进行原位测试时，可采用钻探、井探、槽探、洞探和地球物理勘探等常用的工程地质勘探手段。勘探方法的选取应符合勘察目的和岩土的特性。

工程地质勘探的主要任务是：

1. 探明地下有关的地质情况，揭露并划分地层、量测界线，采取岩土样，鉴定和描述岩土特性、成分和产状。

2. 了解地质构造，不良地质现象的分布、界限、形态等，如断裂构造、滑动面位置等。

3. 为深部取样及现场试验提供条件。自钻孔中选取岩土试样，供实验室分析，以确定岩土的物理力学性质；同时，勘探形成的坑孔可为现场原位试验提供场所，如十字板剪力试验、标准贯入试验、土层剪切波速测试、地应力测试、水文地质试验等。

4. 揭露并测量地下水埋藏深度，采取水样供实验室分析，了解其物理化学性质及地下水类型。

5. 利用勘探坑孔可以进行某些项目的长期观测以及不良地质现象处理等工作。

静力触探、动力触探作为勘探手段时，应与钻探等其他勘探方法配合使用。钻探和触探各有优缺点，有互补性，二者配合使用能取得良好的效果。触探的力学分层直观而连续，但单纯的触探由于其多解性容易造成误判。如以触探为主要勘探手段，除非有经验的地区，一般均应有一定数量的钻孔配合。

布置勘探工作时应考虑勘探对工程自然环境的影响，防止对地下管线、地下工程和自然环境的破坏。钻孔、探井和探槽完工后应妥善回填，否则可能造成对自然环境的破坏，这种破坏往往在短期内或局部范围内不易察觉，但能引起严重后果。因此，一般情况下钻孔、探井和探槽均应回填，且应分段回填夯实。

进行钻探、井探、槽探和洞探时，应采取有效措施，确保施工安全。

二、工程地质钻探

钻探广泛应用于工程地质勘察，是岩土工程勘察的基本手段。通过钻探提取岩芯和采集岩土样以鉴别和划分地层，测定岩土层的物理力学性质，需要时还可直接在钻孔内进行原位测试，其成果是进行工程地质评价和岩土工程设计、施工的基础资料，钻探质量的高低对整个勘察的质量起决定性的作用。除地形条件对机具安置有影响外，几乎任何条件下均可使用钻探方法。由于钻探工作耗费人力、物力和财力较大，因此，要在工程地质测绘及物探等工作基础上合理布置钻探工作。

钻探工作中，岩土工程勘察技术人员主要做三方面工作：一是编制作为钻探依据的设计书；二是在钻探过程中进行岩芯观测、编录；三是钻探结束后进行资料整理。

1. 钻孔设计书编制

钻探工作开始之前，岩土工程勘察技术人员除编制整个项目的岩土工程勘察纲要外，还应逐个编制钻孔设计书。在设计书中，应向钻探技术人员阐明如下内容：

（1）钻孔的位置，钻孔附近地形、地质概况。

（2）钻孔目的及钻进中应注意的问题。

（3）钻孔类型、孔深、孔身结构、钻进方法、开孔和终孔直径、换径深度、钻进速度及固壁方式等。

(4)应根据已掌握的资料，绘制钻孔设计柱状剖面图，说明将要遇到的地层岩性、地质构造及水文地质情况，以便钻探人员掌握一些重要层位的位置，加强钻探管理，并据此确定钻孔类型、孔深及孔身结构。

(5)提出工程地质要求，包括岩芯采取率、取样、孔内试验、观测、止水及编录等各方面的要求。

(6)说明钻探结束后对钻孔的处理意见，钻孔留作长期观测或封孔。

2. 钻探方法的选择

工程地质勘察中使用的钻探方法较多。一般情况下，采用机械回转式钻进，常规口径为：开孔 168 mm，终孔 91 mm。但不是所有的方法都能满足岩土工程勘察的特定要求。例如，冲洗钻探能以较高的速度和较低的成本达到某一深度，能了解松软覆盖层下的硬层（如基岩、卵石）的埋藏深度，但不能准确鉴别所通过的地层。因此一定要根据勘察的目的和地层的性质来选择适当的钻探方法，既满足质量标准，又避免不必要的浪费。

(1)地层特点及钻探方法的有效性。

(2)能保证以一定的精度鉴别地层，包括鉴别钻进地层的岩土性质、确定其埋藏深度与厚度，能查明钻进深度范围内地下水的赋存情况。

(3)尽量避免或减轻对取样段的扰动影响，能采取符合质量要求的试样或进行原位测试。

在踏勘调查、基坑检验等工作中可采用小口径螺旋钻、小口径勺钻、洛阳铲等简易钻探工具进行浅层土的勘探。

实际工作中的偏向是着重注意钻进的有效性，而不太重视如何满足勘察技术要求。为了避免这种偏向，达到一定的目的，制定勘察工作纲要时，不仅要规定孔位、孔深，而且要规定钻探方法。钻探单位应按任务书指定的方法钻进，提交成果中也应包括钻进方法的说明。

钻探方法和工艺多年来一直在不断发展。例如，用于覆盖层的金刚石钻进、全孔钻进及循环钻进，定向取芯、套钻取芯工艺，用于特种情况的倒锤孔钻进，软弱夹层钻进等等，这些特殊钻探方法和工艺在某些情况下有其特殊的使用价值。

一般条件下，工程地质钻探采用垂直钻进方式。某些情况下，如被调查的地层倾角较大，可选用斜孔或水平孔钻进。

3. 钻探技术要求

(1)钻探点位测设于实地应符合下列要求：

初步勘察阶段：平面位置允许偏差 ±0.5 m，高程允许偏差 ±5 cm；

详细勘察阶段：平面位置允许偏差 ±0.25 m，高程允许偏差 ±5 cm；

城市规划勘察阶段、选址勘察阶段：可利用适当比例尺的地形图依地形地物特征确定钻探点位和孔口高程。

钻进深度、岩土分层深度的量测误差范围不应低于 ±5 cm。

因障碍改变钻探点位时，应将实际钻探位置及时标明在平面图上，注明与原桩位的偏差距离、方位和地面高差，必要时应重新测定点位。

（2）采取原状土样的钻孔，口径不得小于 91 mm，仅需鉴别地层的钻孔，口径不宜小于 36 mm；在湿陷性黄土中，钻孔口径不宜小于 150 mm。

（3）应严格控制非连续取芯钻进的回次进尺，使分层精度符合要求。

螺旋钻探回次进尺不宜超过 1.0 m，在主要持力层中或重点研究部位，回次进尺不宜超过 0.5 m，并应满足鉴别厚度小至 20 cm 的薄层的要求。对岩芯钻探，回次进尺不得超过岩芯管长度，在软质岩层中不得超过 2.0 m。

在水下粉土、砂土层中钻进，当土样不易带上地面时，可用对分式取样器或标准贯入器间断取样，其间距不得大于 1.0 m。取样段之间则用无岩芯钻进方式通过，亦可采用无泵反循环方式用单层岩芯管回转钻进并连续取芯。

（4）为了尽量减少对地层的扰动，保证鉴别的可靠性和取样质量，对要求鉴别地层和取样的钻孔，均应采用回转方式钻进，取得岩土样品。遇到卵石、漂石、碎石、块石等类地层不适用于回转钻进时，可改用振动回转方式钻进。

对鉴别地层天然湿度的钻孔，在地下水位以上应进行干钻。当必须加水或使用循环液时，应采用能隔离冲洗液的二重或三重管钻进取样。在湿陷性黄土中应采用螺旋钻头钻进，亦可采用薄壁钻头锤击钻进。操作应符合“分段钻进、逐次缩减、坚持清孔”的原则。

对可能坍塌的地层应采取钻孔护壁措施。在浅部填土及其他松散土层中可采用套管护壁。在地下水位以下的饱和软黏性土层、粉土层和砂层中宜采用泥浆护壁。在破碎岩层中可视需要采用优质泥浆、水泥浆或化学浆液护壁。冲洗液漏失严重时，应采取充填、封闭等堵漏措施。钻进中应保持孔内水头压力等于或稍大于孔周地下水压，提钻时应能通过钻头向孔底通气通水，防止孔底土层由于负压、管涌而受到扰动破坏。如若采用螺纹钻头钻进，则引起管涌的可能性较大，故必须采用带底阀的空心螺纹钻头，以防止提钻时产生负压。

（5）岩芯钻探的岩芯采取率应逐次计算，对完整和较完整岩体不应低于 80%，对较破碎和破碎岩体不应低于 65%。对需重点查明的部位（滑动带、软弱夹层等）应采用双层岩芯管连续取芯。当需要确定岩石质量指标 RQD 时，应采用 75 mm 口径（N 型）双层岩芯管和金刚石钻头。

（6）钻进过程中各项深度数据均应测量获取，累计量测允许误差为 ±5 cm。深度超过 100 m 的钻孔以及有特殊要求的钻孔包括定向钻进、跨孔法测量波速，应测斜、防斜，保持钻孔的垂直度或预计的倾斜度与倾斜方向。对垂直孔，每 50 m 测量一次垂直度，每深 100 m 允许偏差为 ±2°。对斜孔，每 25 m 测量一次倾斜角和方位角，允许偏差应根据勘探设计要求确定。钻孔斜度及方位偏差超过规定时，应及时采取纠斜措施。倾角及方位的量测精度应分别为 ±0.1°、±3.0°。

4. 地下水观测

对钻孔中的地下水位及动态，含水层的水位标高、厚度、地下水水温、水质、钻进中冲洗液消耗量等，要做好观测记录。

钻进中遇到地下水时，应停钻量测初见水位。为测得单个含水层的静止水位，对砂类土停钻时间不少于 30 min；对粉土不少于 1 h；对黏性土层不少于 24 h，并应在全部钻孔结束后，同一天内量测各孔的静止水位。水位量测可使用测水钟或电测水位计。水位允许误差为 ± 1.0 cm。

钻孔深度范围内有两个以上含水层，且钻探任务书要求分层量测水位时，在钻穿第一含水层并进行静止水位观测之后，应采用套管隔水，抽干孔内存水，变径钻进等措施后，再对下一含水层进行水位观测。

采用泥浆护壁影响地下水位观测时，可在场地范围内另外布置若干专用的地下水位观测孔，将其用于可改用套管护壁。

5. 钻探编录与成果

野外记录应由经过专业训练的人员承担。钻探记录应在钻探进行过程中同时完成，严禁事后追记，记录内容包括岩土描述及钻进过程两个部分。

钻探现场记录表的各栏均应按钻进回次逐项填写。在每个回次中发现变层时，应分行填写，不得将若干回次或若干层合并一行记录。现场记录不得誊录转抄，误写之处可以划去，在旁边作更正，不得在原处涂抹修改。

（1）岩土描述

钻探现场描述可采用肉眼鉴别、手触方法，有条件或勘察工作有明确要求时，可采用微型贯入仪等标准化、定量化的方法。

各类岩土描述应包括的内容如下：

①砂土：应描述名称、颜色、湿度、密度、粒径、浑圆度、胶结物、包含物等。

②黏性土、粉土：应描述名称、颜色、湿度、密度、状态、结构，包含物等。

③岩石：应描述颜色、主要矿物、结构、构造和风化程度。对沉积岩尚应描述颗粒大小、形状、胶结物成分和胶结程度；对岩浆岩和变质岩尚应描述矿物结晶大小和结晶程度。对岩体的描述尚应包括结构面、结构体特征和岩层厚度。

（2）钻进过程的记录内容

关于钻进过程的记录内容应符合下列要求：

①使用的钻进方法、钻具名称、规格、护壁方式等。

②钻进的难易程度、进尺速度、操作手感、钻进参数的变化情况。

③孔内情况，应注意缩径、回淤、地下水位或冲洗液位及其变化等。

④取样及原位测试的编号、深度位置、取样工具名称规格、原位测试类型及其结果。

⑤岩芯采取率、RQD 值等。

应对岩芯进行细致的观察、鉴定，确定岩土体名称，进行岩土有关物理性状的描述。

钻取的芯样应由上而下按回次顺序放进岩芯箱并按次序将岩芯排列编号，芯样侧面上应清晰标明回次数、块号，本回次总块数。

以上三项指标均是反映岩石质量好坏的依据，其数值越大，反映岩石性质越好。但是，性质并不好的破碎或软弱岩体，有时也可以取得较多的细小岩芯，倘若按岩芯采取率与岩芯获得率统计，也可以得到较高的数值，按此标准评价其质量，显然不合理，因而，在实际中广泛使用 RQD 指标进行岩芯统计，并将其用于评价岩石质量好坏。

⑥其余异常情况。

（3）钻探成果

资料整理主要包括：

①编制钻孔柱状图。

②记录操作步骤及编写水文地质日志。

③岩土芯样可根据工程要求保存一定期限或长期保存，亦可进行岩芯素描或拍摄岩芯、土芯彩照。

这三份资料实质上是前述工作的图表化直观反映，它们是最终的钻探成果，一定要认真整理、编制，以备存档查用。

三、工程地质坑探（井探、槽探和洞探）

当钻探方法难以准确查明地下情况时，可采用探井、探槽进行勘探。在坝址、地下工程、大型边坡等勘察中，当需详细查明深部岩层性质、构造特征时，可采用竖井或平硐等工程。

1. 坑探工程类型

坑探是由地表向深部挖掘坑槽或坑洞，以便地质人员直接深入地下了解有关地质现象或进行试验等使用的地下勘探工作。勘探中常用的勘探工程包括探槽、试坑、浅井（或斜井）、平硐、石门（平巷）等类型。

2. 坑探工程施工要求

探井的深度、竖井和平硐的深度、长度、断面按工程要求确定。

探井断面可用圆形或矩形。圆形探井直径可取 0.8~1.0 m；矩形探井可取 0.8 m × 1.2 m。根据土质情况，需要适当放坡或分级开挖时，井口可大于上述尺寸。

探井、探槽深度不宜超过地下水位且不宜超过 20 m。掘进深度超过 10 m，必要时应向井槽底部通风。

土层易坍塌，又不允许放坡或分级开挖时，对井、槽壁应设支撑保护。根据土质条件可采用全面支护或间隔支护。全面支护时，应每隔 0.5 m 及在需要着重观察部位留下检查间隙。

探井、探槽开挖过程中的土石方必须堆放在离井、槽口边缘至少 1.0 m 以外的地方。

雨季施工应在井、槽口设防雨棚，开挖排水沟，防止地面水及雨水流入井、槽内。

遇大块孤石或基岩，用一般方法不能掘进时，可采用控制爆破方式掘进。

3. 资料成果整理

坑探掘进过程中或成洞后，应详细进行有关地质现象的观察描述，并将所观察到的内容用文字及图表表示出来，即工程地质编录工作。除文字描述记录外，尚应以剖面图、展示图等反映井槽、洞壁和底部的岩性、地层分界、构造特征、取样和原位试验位置并辅以代表性部位的彩色照片。

(1)坑洞地质现象的观察描述

观察、描述的内容因类型及目的不同而不同，一般包括：地层岩性的分层和描述，地质结构(包括断层、裂隙、软弱结构面等)特征的观察描述，岩石风化特点描述及分带，地下水渗出点位置及水质水量调查，不良地质现象调查等等。

(2)坑探工程展视图编制

展视图是任何坑探工程必须制作的重要地质图件，它是将每一壁面的地质现象按划分的单元体和一定比例尺表示在一张平面图上。对于坑洞任一壁(或顶底)面而言，展示图的做法同测制工程地质剖面方法完全一样。但如何把每个壁面有机地连在一起，表示在一张图上，则有不同的展开表示方法。原则上既要如实反映地质内容，又要图件实用美观，一般有如下展开方法：

①四面辐射展开法

该法是将四壁各自向外放平，投影在一个平面上。试坑或浅井等近立方形坑洞可以采用这种方法。缺点是四面辐射展开图件不够美观，而且地质现象往往被割裂开来。

②四面平行展开法

该法是以一面为基准，其他三面平行展开。浅井、竖井等竖向长方体坑洞宜采用此种展开法。缺点是图中无法反映壁面的坡度。平硐这类水平长方体，宜以底面(或顶面)为基准两壁面展开，为了反映顶、底、两侧壁及工作面等五个面的情况。在展开过程中，常常遇到开挖面不平直或有一定坡度的问题。一般情况下，可按理想的标准开挖面考虑；否则，采用其他方法予以表示。

四、岩土试样的采取

取样的目的是通过对样品的鉴定或试验，试验岩土体的性质，获取有关岩、土体的设计计算参数。岩土体特别是土体通常是非均质的，而取样的数量总是有限，因此必须力求以有限的取样数量反映整个岩、土体的真实性状。这就要求采用良好的取样技术，包括取样的工具和操作方法，使所取试样能尽可能地保持岩、土的原位特征。

1. 土试样的质量分级

严格地说，任何试样，一旦从母体分离出来成为样品，其原位特征或多或少会发生改变，围压的变化更是不可避免的。试样从地下到达地面之后，原位承受的围压降低至大气压力。

土试样可能因此产生体积膨胀，孔隙水压的重新分布，水分的转移，岩石试样则可能出现裂隙地张开甚至发生爆裂。软质岩石与土试样很容易在取样过程中受到结构的扰动破坏，取出地面之后，密度、湿度改变并产生一系列物理、化学的变化。由于这些原因，绝对地代表原位性状的试样是不可能获得的。因此，Hvorslev 将“能满足所有室内试验要求，能用以近似测定土的原位强度，固结、渗透以及其他物理性质指标的土样”定义为“不扰动土样”。从工程实用角度而言，用于不同试验项目的试样有不同的取样要求，不必强求一律。例如，要求测定岩土的物理、化学成分时，必须注意防止有同层次岩土的混淆；要了解岩土的密度和湿度时，必须尽量减轻试样的体积压缩或松胀、水分的损失或渗入；要了解岩土的力学性质时，除上述要求外，还必须力求避免试样的结构扰动破坏。

土试样扰动程度的鉴定有多种方法，大致可分以下几类：

（1）现场外观检查

观察土样是否完整，有无缺陷，取样管或衬管是否挤扁、弯曲、卷折等。

（2）测定回收率

按照 Hvorslev 的定义，回收率为 L/H，其中，H 为取样时取土器贯入孔底以下土层的深度；L 为土样长度，可取土试样毛长，而不必是净长，即可从土试样顶端算至取土器刃口，下部如有脱落可不扣除。

回收率等于 0.98 左右是最理想的，大于 1.0 或小于 0.95 是土样受扰动的标志；取样回收率可在现场测定，但使用敞口式取土器时，测定有一定的困难。

（3）X 射线检验

可发现裂纹、空洞、粗粒包裹体等。

一般而言，事后检验把关并不是保证土试样质量的积极措施。对土试样作质量分级的指导思想是强调事先的质量，控制即对采取某一级别土试样所必须使用的设备和操作条件做出严格的规定。

2. 土试样采取的工具和方法

土样采取有两种途径：一是操作人员直接从探井、探槽中采取；二是在钻孔中通过取土器或其他钻具采取。从探井、探槽中采取的块状或盒状土样被认为是质量最高的。对土试样质量的鉴定，往往以块状或盒状土样作为衡量比较的标准。但是，由于探井、探槽开挖成本高、时间长并受到地下水等多种条件的制约，块状、盒状土样不是经常能得到的。实际工程中，绝大部分土试样是在钻孔中利用取土器具采取的。个别孔取样需要根据岩、土性质、环境条件，采用不同类型的钻孔取土器。

3. 钻孔取样的技术要求

钻孔取样的效果不单纯决定于采用什么样的取土器，还取决于取样全过程的操作技术。在钻孔中采取Ⅱ级砂样时，应满足下列要求：

（1）钻孔施工的一般要求

①采取原状土样的钻孔，孔径应比使用的取土器外径大一个径级。

②在地下水位以上，应采用干法钻进，不得注水或使用冲洗液。土质较硬时，可采用二（三）重管回转取土器，钻进、取样合并进行。

③在饱和软黏性土、粉土、砂土中钻进，宜采用泥浆护壁；采用套管时应先钻进后跟进套管，套管的下设深度与取样位置之间应保留三倍管径以上的距离；不得向未钻过的土层中强行击入套管；为避免孔底土隆起受扰，应始终保持套管内的水头高度等于或稍高于地下水位。

④钻进宜采用回转方式；在地下水位以下钻进应采用通气通水的螺旋钻头、提土器或岩芯钻头，在鉴别地层方面无严格要求时，也可以采用侧喷式冲洗钻头成孔，但不得使用底喷式冲洗钻头；在采取原状土试样的钻孔中，不宜采用振动或冲击方式钻进，采用冲洗、冲击、振动等方式钻进时，应在预计取样位置 1 m 以上改用回转钻进。

⑤下放取土器前应仔细清孔，清除扰动土，孔底残留浮土厚度不应大于取土器废土段长度（活塞取土器除外）且不得超过 5 cm。

⑥钻机安装必须牢固，保持钻进平稳，防止钻具回转时抖动，升降钻具时应避免对孔壁的扰动破坏。

（2）贯入式取土器取样操作要求

①取土器应平稳下放，不得冲击孔底。取土器下放后，应核对孔深与钻具长度，发现残留浮土厚度超过规定时，应提起取土器重新清孔。

②采取Ⅰ级原状土试样，应采用快速、连续的静压方式贯入取土器，贯入速度不小于 0.1m · s-1，利用钻机的给进系统施压时，应保证具有连续贯入的足够行程；采取Ⅱ级原状土试样可使用间断静压方式或重锤少击方式。

③在压入固定活塞取土器时，应将活塞杆牢固地与钻架连接起来，避免活塞向下移动；在贯入过程中监视活塞杆的位移变化时，可在活塞杆上设定相对于地面固定点的标志测记其高差；活塞杆位移量不得超过总贯入深度的 1%。

④贯入取样管的深度宜控制在总长的 90% 左右；贯入深度应在贯入结束后仔细量测并记录。

⑤提升取土器之前，为切断土样与孔底土的联系，可以回转 2~3 圈或者稍加静置之后再提升。

⑥提升取土器应做到均匀平稳，避免磕碰。

（3）回转式取土器取样操作要求

①采用单动、双动二（三）重管采取原状土试样，必须保证平稳回转钻进使用的钻杆应事先校直；为避免钻具抖动，造成土层的扰动，可在取土器上加接重杆。

②冲洗液宜采用泥浆，钻进参数宜根据各场地地层特点通过试钻确定或根据已有经验确定。

③取样开始时应将泵压、泵量减至能维持钻进的最低限度，然后随着进尺的增加，逐渐增加至正常值。

④回转取土器应具有可改变内管超前长度的替换管靴；内管管口至少应与外管齐平，随着土质变软，可使内管超前增加至 50~150 mm；对软硬交替的土层，宜采用具有自动调节功能的改进型单动二（三）重管取土器。

⑤对硬塑以上的硬质黏性土、密实砾砂、碎石土和软岩中，可使用双动三重管取样器采取原状土试样；对于非胶结的砂、卵石层，取样时可在底靴上加置逆爪。

⑥采用无泵反循环钻进工艺，可以用普通单层岩芯管采取砂样；在有充足经验的地区和可靠操作的保证下，可作为Ⅱ级原状土试样。

4. 土样的现场检验，封装、贮存、运输

（1）土试样的卸取

取土器提出地面之后，小心地将土样连同容器（衬管）卸下，并应符合下列要求：

①以螺钉连接的薄壁管，卸下螺钉即可取下取样管。

②对丝扣连接的取样管、回转型取土器，应采用链钳、自由钳或专用扳手卸开，不得使用管钳之类易于使土样受挤压或使取样管受损的工具。

③采用外管非半合管的带衬管取土器时，应使用推土器将衬管与土样从外管推出，并应事先将推土端土样削至略低于衬管边缘，防止推土时土样受压。

④对各种活塞取土器，卸下取样管之前应打开活塞气孔，消除真空。

（2）土样的现场检验

对钻孔中采取的Ⅰ级原状土试样，应在现场测量取样回收率。取样回收率大于 1.0 或小于 0.95 时，应检查尺寸量测是否有误，土样是否受压，根据情况决定土样废弃或降低级别使用。

（3）封装、标识、贮存和运输

Ⅰ、Ⅱ、Ⅲ级土试样应妥善密封，防止湿度变化，土试样密封后应置于温度及湿度变化小的环境中，严防暴晒或冰冻。土样采取之后至开土试验之间的贮存时间，不宜超过两周。

土样密封可选用下列方法：

①将上下两端各去掉约 20 mm，加上一块与土样截面面积相当的不透水圆片，再浇灌蜡液，至与容器齐平，待蜡液凝固后扣上胶或塑料保护帽。

②用配合适当的盒盖将两端盖严后将所有接缝用纱布条蜡封或用粘胶带封口。每个土样封蜡后均应填贴标签，标签上下应与土样上下一致，并牢固地粘贴于容器外壁。土样标签应记载下列内容：工程名称或编号；孔号、土样编号、取样深度；土类名称；取样日期；取样人姓名等。土样标签记载应与现场钻探记录相符。取样的取土器型号、贯入方法，锤击时击数、回收率等应在现场记录中详细记载。

运输土样，应采用专用土样箱包装，土样之间用柔软缓冲材料填实。一箱土样总重不宜超过 40 kg，在运输中应避免振动。对易于振动液化和水分离析的土试样，不宜长途运输，宜在现场就近进行试验。

5. 岩石试样

岩石试样可利用钻探岩芯制作或在探井、探槽、竖井和平洞中刻取。采取的毛样尺寸应满足试块加工的要求。在特殊情况下，试样形状、尺寸和方向由岩体力学试验设计确定。

五、工程地质物探

应用于工程建设、水文地质和岩土工程勘测中的地球物理勘探统称工程物探（以下简称物探）。它是利用专门仪器探测地壳表层各种地质体的物理场，包括电场、磁场、重力场等，通过测得的物理场特性和差异来判明地下各种地质现象，获得某些物理性质参数的一种勘探方法。这些物理场特性和差异分别由于各地质体间导电性、磁性、弹性、密度、放射性、波动性等物理性质及岩土体的含水性、空隙性、物质成分、固结胶结程度等物理状态的差异表现出来。采用不同探测方法可以测定不同的物理场，因而便有电法勘探、地震勘探、磁法勘探等物探方法。目前常用的方法有：电法、地震法、测井法、岩土原位测试技术、基桩无损检测技术、地下管线探测技术、氡气探测技术、声波测试技术、瑞雷波测试技术等。

1. 物探在岩土工程勘察中的作用

物探是地质勘测、地基处理、质量检测的重要手段。结合工程建设勘测设计的特点，合理地使用物探，可提高勘测质量，缩短工作周期，降低勘探成本。岩土工程勘察中可在下列方面采用地球物理勘探：

（1）作为钻探的先行手段，了解隐蔽的地质界线、界面或异常点。

（2）作为钻探的辅助手段，在钻孔之间增加地球物理勘探点，为钻探成果的内插、外推提供依据。

（3）作为原位测试手段，测定岩土体的波速、动弹性模量、特征周期、土对金属的腐蚀性等参数。

2. 物探方法的适用条件

应用地球物理勘探方法时，应具备下列基本条件：

（1）被探测对象与周围介质应存在明显的物性（即电性、弹性、密度、放射性等）差异。

（2）探测对象的厚度、宽度或直径，相对于埋藏深度应具有一定的规模。

（3）探测对象的物性异常能从干扰背景中清晰分辨。

（4）地形影响不应妨碍野外作业及资料解释，或对其影响能利用现有手段进行地形修正。

（5）物探方法的有效性，取决于最大限度地满足被探测对象与周围介质应存在的明显物性差异。在实际工作中，由于地形、地貌、地质条件的复杂多变，在具体应用时，应符合下列要求：

通过研究和在有代表性地段进行方法的有效性试验，正确选择工作方法；

利用已知地球物理特征进行综合物探方法研究；

运用勘探手段查证异常性质；结合实际地质情况对异常进行再推断。

物探方法的选择，应根据探测对象的埋深，规模及其与周围介质的物性差异，结合各种物探方法的适用条件选择有效的方法。

3. 物探的一般工作程序

物探的一般工作程序是：接受任务、收集资料、现场踏勘、编制计划、方法试验、外业工作、资料整理、提交成果。在特殊情况下，也可以简化上述程序。

在正式接受任务前，应会同地质人员进行现场踏勘，如有必要应进行方法试验。通过踏勘或方法试验确认不具备物探工作条件时，可申述理由请求撤销或改变任务。

工作计划大纲应根据任务书要求，在全面收集和深入分析测区及其邻近区域的地形，地貌、水系、气象、交通、地质资料与已知物探资料的基础上，结合实际情况进行编制。

4. 物探成果的判释及应用

物探过程中，工程地质、岩土工程和地球物理勘探的工程师应密切配合，共同制订方案，分析判译成果。

进行物探成果判释时，应考虑其多解性，区分有用信息与干扰信号。物探工作必须紧密地与地质相结合，重视试验及物性参数的测定，充分利用岩土介质的各种物理特性，需要时应采用多种方法探测，开展综合物探，进行综合判释，克服单一方法条件性、多解性的局限，以获得正确的结论，并应有已知物探参数或一定数量的钻孔验证。

物探工作应积极采用和推广新技术，开拓新途径，扩大应用范围；同时也要重视物探成果的验证及地质效果的回访。

第三节　原位测试

一、载荷试验

1. 载荷试验的目的、分类和适用范围

载荷试验（Dead Load Test, DLT）用于测定承压板下应力主要影响范围内岩土的承载力和变形模量。天然地基土载荷试验有平板、螺旋板载荷试验两种，常用的是平板载荷试验。

平板载荷试验（plate loading test）是在岩土体原位用一定尺寸的承压板，施加竖向荷载，同时观测各级荷载作用下承压板沉降，测定岩土体承载力和变形特性；平板载荷试验有浅层平板、深层平板载荷试验两种。浅层平板载荷试验，适用于浅层地基土。对于地下深处和地下水位以下的地层，浅层平板载荷试验已显得无能为力。深层平板载荷试验适用于深层地基土和大直径桩的桩端土。深层平板载荷试验的试验深度不应小于 5 m。

螺旋板载荷试验是将螺旋板旋入地下预定深度，通过传力杆向螺旋板施加竖向荷载，同时量测螺旋板沉降。测定土的承载力和变形特性。螺旋板载荷试验适用于深层地基土或地下水位以下的地基土。进行螺旋板载荷试验时，如旋入螺旋板深度与螺距不相协调，土层也可能发生较大扰动。当螺距过大，竖向荷载作用大，可能发生螺旋板本身的旋进，影响沉降的量测。这些问题，应注意避免。

2. 试验设备

（1）平板载荷试验设备

平板载荷试验设备一般由加荷及稳压系统、反力锚定系统和观测系统三部分组成：

①加荷及稳压系统：由承压板、立柱、油压千斤顶及稳压器等组成。采用液压加荷稳压系统时，还包括稳压器、储油箱和高压油泵等，分别用高压胶管连接与加荷千斤顶构成一个油路系统。

②反力锚定系统：常采用堆重系统或地锚系统，也有采用坑壁（或洞顶）反力支撑系统。

③观测系统：用百分表观测或自动检测记录仪记录，包括百分表（或位移传感器）、基准梁等。

（2）螺旋板载荷试验设备

国内常用的是由华东电力设计院研制的YDL型螺旋板载荷试验仪。该仪器是由地锚和钢梁组成反力架，螺旋承压板上端装有压力传感器，由人力通过传力杆将承压板旋入预定的试验深度，在地面上用液压千斤顶通过传力杆对板施加荷载，沉降量是通过传力杆在地面量测。

3. 试验点位置的选择

天然地基载荷试验点应布置在有代表性的地点和基础底面标高处，且应在技术钻孔附近。当场地地质成因单一、土质分布均匀时，试验点离技术钻孔距离不应超过10 m，反之不应超过5 m，也不宜小于2 m。严格控制试验点位置选择的目的是使载荷试验反映的承压板影响范围内地基土的性状与实际基础下地基土的性状基本一致。

载荷试验点，每个场地不宜少于3个，当场地内岩土体不均时，应适当增加。

一般认为，载荷试验在各种原位测试中是最为可靠的，并以此作为其他原位测试的对比依据。但这一认识的正确性是有前提条件的，即基础影响范围内的土层应均一。实际土层往往是非均质土或多层土，当土层变化复杂时，载荷试验反映的承压板影响范围内地基土的性状与实际基础下地基土的性状将有很大的差异。故在进行载荷试验时，对尺寸效应要有足够的估计。

4. 试验的一般技术要求

（1）浅层平板载荷试验的试坑宽度或直径不应小于承压板宽度或直径的3倍；深层平板载荷试验的试井直径应等于承压板直径；当试井直径大于承压板直径时，紧靠承压板周围土的高度不应小于承压板直径。

对于深层平板载荷试验，试井截面应为圆形，直径宜取 0.8~1.2 m，并有安全防护措施；承压板直径取 800 mm 时，采用厚约 300 mm 的现浇混凝土板或预制的刚性板；可直接在外径为 800 mm 的钢环或钢筋混凝土管柱内浇筑；紧靠承压板周围土层高度不应小于承压板直径，以尽量保持半无限体内部的受力状态，避免试验时土的挤出；用立柱与地面的加荷装置连接，亦可利用井壁护圈作为反力，加荷试验时应直接测读承压板的沉降。

（2）试坑或试井底应注意使其尽可能平整，避免岩土扰动，保持其原状结构和天然湿度，并在承压板下铺设不超过 20 mm 的砂垫层找平，尽快安装试验设备，保证承压板与土之间有良好的接触；螺旋板头入土时，应按每转一圈下入一个螺距进行操作，减少对土的扰动。

（3）载荷试验宜采用圆形刚性承压板，根据土的软硬或岩体裂隙密度选用合适的尺寸；土的浅层平板载荷试验承压板面积不应小于 0.25 m^2，对软土和粒径较大的填土不应小于 0.5 m^2，否则易发生歪斜；对碎石土，要注意碎石的最大粒径；对硬的裂隙黏土及岩层，要注意裂隙的影响；土的深层平板载荷试验承压板面积宜选用 0.5 m^2；岩石载荷试验承压板的面积不宜小于 0.07 m^2。

（4）载荷试验加荷方式应采用分级维持荷载沉降相对稳定法（常规慢速法）；有地区经验时，可采用分级加荷沉降非稳定法（快速法）或等沉速率法，以加快试验周期。如试验目的是确定地基承载力，必须有对比的经验；如试验目的是确定土的变形特性，而快速加荷的结果只反映不排水条件的变形特性，不反映排水条件的固结变形特性；加荷等级宜取 10~12 级，并不应少于 8 级，荷载量测精度不应低于最大荷载的 ±1%。

（5）承压板的沉降可采用百分表或电测位移计量测，其精度不应低于 ±0.01 mm；当荷载沉降曲线无明确拐点时，可加测承压板周围土面的升降、不同深度土层的分层沉降或土层的侧向位移，这有助于判别承压板下地基土受荷后的变化、发展阶段及破坏模式和判定拐点。

对慢速法，当试验对象为土体时，每级荷载施加后，间隔 5 min，5 min，10 min，10 min，15 min，15 min 测读一次沉降，以后间隔 30 min 测读一次沉降，当连读两小时每小时沉降量小于等于 0.1mm 时，可认为沉降已达相对稳定标准，施加下一级荷载；当试验对象是岩体时，间隔 1 min、2 min、2 min、5 min 测读一次沉降，以后每隔 10 min 测读一次，当连续三次读数差小于等于 0.01 mm 时，可认为沉降已达相对稳定标准，施加下一级荷载。

（6）一般情况下，载荷试验应做到破坏，获得完整的 p-s 曲线，以便确定承载力特征值；只有试验目的为检验性质时，加荷至设计要求的 2 倍时即可终止。

在确定终止试验标准时，对岩体而言，常表现为承压板上和板外的测表不停地变化，这种变化有增加的趋势。此外，有时还表现为荷载加不上，或加上去后很快降下来。当然，如果荷载已达到设备的最大出力，则不得不终止试验，但应判定是否满足了试验要求。

当出现下列情况之一时，可终止试验：

承压板周边的土出现明显侧向挤出，周边岩土出现明显隆起或径向裂缝持续发展，这表明受荷地层发生整体剪切破坏，属于强度破坏极限状态。

本级荷载的沉降量大于前级荷载沉降量的5倍，荷载与沉降曲线出现明显陡降。

在某级荷载下24 h沉降速率不能达到相对稳定标准。

等速沉降或加速沉降，表明承压板下产生塑性破坏或刺入破坏，这是变形破坏极限状态。

总沉降量与承压板直径（或宽度）之比超过0.06，属于超过限制变形的正常使用极限状态。

5. 各类载荷试验的要点

（1）浅层平板载荷试验要点应遵循《建筑地基基础设计规范》（GB 50007-2010）

①地基土浅层平板载荷试验可适用于确定浅部地基土层的承压板下应力主要影响范围内的承载力。承压板面积不应小于0.25 m²，对于软土不应小于0.5 m^2。

②试验基坑宽度不应小于承压板宽度或直径的3倍。应保持试验土层的原状结构和天然湿度。宜在拟试压表面用粗砂或中砂层找平，其厚度不超过20 mm。

③加荷分级不应少于8级，最大加载量不应小于设计要求的2倍。

④每级加载后，按间隔10 min、10 min、10 min、15 min、15 min，以后为每隔0.5 h测读一次沉降量，当在连续2 h内，每小时的沉降量小于0.1 mm时，则认为已趋稳定，可加下一级荷载。

⑤当出现下列情况之一时，即可终止加载：

承压板周围的土明显地侧向挤出；

沉降s急骤增大，荷载—沉降（p-s）曲线出现陡降段；

在某一级荷载下，24 h内沉降速率不能达到稳定；

沉降量与承压板宽度或直径比大于或等于0.06。

当满足前三种情况之一时，其对应的前一级荷载定为极限荷载。

⑥承载力特征值的确定应符合下列规定：

当p-s曲线上有比例界限时，取该比例界限所对应的荷载值；

当极限荷载小于对应比例界限的荷载值的2倍时，取极限荷载值的一半；

当不能按上述两款要求确定时，当压板面积为0.25~0.50 m²，可取s/b=0.01~0.015所对应的荷载，但其值不应大于最大加载量的一半。

⑦同一土层参加统计的试验点不应少于3点，当试验实测值的极差不超过其平均值的30%时，取平均值作为土层的地基承载力特征值fak。

（2）深层平板载荷试验要点应遵循《建筑地基基础设计规范》（GB 50007-2010）

①深层平板载荷试验的承压板采用直径为0.8 m的刚性板，紧靠承压板周围外侧的土层高度应不少于80 cm。

②加荷等级可按预估极限承载力的1/10~1/15分级施加。

③每级加荷后，第一个小时内按间隔 10 min、10 min，10 min、15 min、15 min，以后为每隔 0.5 h 测读一次沉降；当在连续 2 h 内，每小时的沉降量小于 0.1 mm 时，则认为已趋稳定，可加下一级荷载。

④当出现下列情况之一时，可终止加载：

沉降 s 急骤增大，荷载—沉降（p-s）曲线上有可判定极限承载力的陡降段，且沉降量超过 0.04 d（d 为承压板直径）；

在某级荷载下，24 h 内沉降速率不能达到稳定；

本级沉降量大于前一级沉降量的 5 倍；

当持力层土层坚硬，沉降量很小时，最大加载量不小于设计要求的 2 倍。

⑤承载力特征值的确定应符合下列规定：

当 p-s 曲线上有比例界限时，取该比例界限所对应的荷载值；

满足前三条终止加载条件之一时，其对应的前一级荷载定为极限荷载，当该值小于对应比例界限的荷载值的 2 倍时，取极限荷载值的一半，不能按上述两款要求确定时，可取 s/d=0.01~0.015 所对应的荷载值，但其值不应大于最大加载量的一半。

⑥同一土层参加统计的试验点不应少于 3 点，当试验实测值的极差不超过平均值的 30% 时，取此平均值作为该土层的地基承载力特征值 fak。

（3）岩基载荷试验要点应遵循《建筑地基基础设计规范》（GB 50007-2010）

①适用于确定完整、较完整、较破碎岩基作为天然地基或桩基础持力层时的承载力。

②采用圆形刚性承压板，直径为 300 mm。当岩石埋藏深度较大时，可采用钢筋混凝土桩，但桩周需采取措施以消除桩身与土之间的摩擦力。

③测量系统的初始稳定读数观测：加压前，每隔 10 min 读数一次，连续三次读数不变可开始试验。

④加载方式：单循环加载，荷载逐级递增直到破坏，然后分级卸载。

⑤荷载分级：第一级加载值为预估设计荷载的 1/5，以后每级为 1/10。

⑥沉降量测读：加载后立即读数，以后每 10 min 读数一次。

⑦稳定标准：连续三次读数之差均不大于 0.01 mm。

⑧终止加载条件：当出现下述现象之一时，可终止加载：

沉降量读数不断变化，在 24 h 内，沉降速率有增大的趋势；

压力加不上或勉强加，上却不能保持稳定。

注：若限于加载能力，荷载也应增加到不少于设计要求的 2 倍。

⑨卸载观测：每级卸载为加载时的 2 倍，如为奇数，第一级可为 3 倍。每级卸载后，隔 10 min 测读一次，测读三次后可卸下一级荷载。全部卸载后，当测读到半小时回弹量小于 0.01 mm 时，即认为稳定。

⑩岩石地基承载力的确定：

对应于 p-s 曲线上起始直线段的终点为比例界限。符合终止加载条件的前一级荷载为极限荷载。将极限荷载除以 3 的安全系数，所得值与对应于比例界限的荷载相比较，取小值；

每个场地载荷试验的数量不应少于 3 个,取最小值作为岩石地基承载力特征值；

岩石地基承载力不进行深宽修正。

（4）复合地基载荷试验要点应遵循《建筑地基处理技术规范》（JGJ 79-2012）

①本试验要点适用于单桩复合地基载荷试验和多桩复合地基载荷试验。

②复合地基载荷试验用于测定承压板下应力主要影响范围内复合土层的承载力和变形参数。复合地基载荷试验承压板应具有足够刚度。单桩复合地基载荷试验的承压板可用圆形或方形，面积为一根桩承担的处理面积；多桩复合地基载荷试验的承压板可用方形或矩形,其尺寸按实际桩数所承担的处理面积确定。桩的中心（或形心）应与承压板中心保持一致,并与荷载作用点相重合。

③承压板底面标高应与桩顶设计标高相适应。承压板底面下宜铺设粗砂或中砂垫层,垫层厚度取 50~150 mm,桩身强度高时宜取大值。试验标高处的试坑长度和宽度,应不小于承压板尺寸的 3 倍。基准梁的支点应设在试坑之外。

④试验前应采取措施，防止试验场地地基土含水量变化或地基土扰动，以免影响试验结果。

⑤加载等级可分为 8~12 级。最大加载压力不应小于设计要求压力值的 2 倍。

⑥每加一级荷载前后均应各读记承压板沉降量一次，以后每 0.5 h 读记一次。当 1 h 内沉降量小于 0.1 mm 时,即可加下一级荷载。

⑦当出现下列现象之一时可终止试验：

沉降急剧增大,土被挤出或承压板周围出现明显的隆起；

承压板的累计沉降量已大于其宽度或直径的 6%；

当达不到极限荷载,而最大加载压力已大于设计要求压力值的 2 倍。

⑧卸载级数可为加载级数的一半,等量进行,每卸一级,间隔 0.5 h,读记回弹量,待卸完全部荷载后间隔 3 h 读记总回弹量。

⑨复合地基承载力特征值的确定：

当压力—沉降曲线上极限荷载能确定，而其值不小于对应比例界限的 2 倍时，可取比例界限；当其值小于对应比例界限的 2 倍时,可取极限荷载的一半。

当压力—沉降曲线是平缓的光滑曲线时,可按相对变形值确定。

对砂石桩、振冲桩复合地基或强夯置换墩,当以黏性土为主的地基,可取 s/b 或 s/d 等于 0.015 所对应的压力（s 为载荷试验承压板的沉降量；b 和 d 分别为承压板宽度和直径，当其值大于 2 m 时,按 2 m 计算）；当以粉土或砂土为主的地基,可取 s/b 或 s/d 等于 0.01 所对应的压力。

对土挤密桩、石灰桩或柱锤冲扩桩复合地基，可取 s/b 或 s/d 等于 0.012 所对应的压力。对灰土挤密桩复合地基,可取 s/b 或 s/d 等于 0.008 所对应的压力。

对水泥粉煤灰碎石桩或夯实水泥土桩复合地基，当以卵石、圆砾、密实粗中砂为主的地基，可取 s/b 或 s/d 等于 0.008 所对应的压力；当以黏性土、粉土为主的地基，可取 s/b 或 s/d 等于 0.01 所对应的压力。

对水泥土搅拌桩或旋喷桩复合地基，可取 s/b 或 s/d 等于 0.006 所对应的压力。

对有经验的地区，也可按当地经验确定相对变形值。

按相对变形值确定的承载力特征值不应大于最大加载压力的一半。

⑩试验点的数量不应少于 3 点，当满足其极差不超过平均值的 30% 时，可取其平均值为复合地基承载力特征值。

（5）单桩竖向静载荷试验要点应遵循《建筑桩基检测技术规范》（JGJ 106-2014）

①本要点适用于检测单桩竖向抗压承载力

采用接近于竖向抗压桩的实际工作条件的试验方法，确定单桩竖向（抗压）极限承载力，作为设计依据或对工程桩的承载力进行抽样检验和评价。当埋设有桩底反力和桩身应力、应变测量元件时，尚可直接测定桩周各土层的极限侧阻力和极限端阻力。为设计提供依据的试桩，应加载至破坏；当桩的承载力以桩身强度控制时，可按设计要求的加载量进行；对工程桩抽样检测时，加载量不应小于设计要求的单桩承载力特征值的 2 倍。

②试验加载宜采用油压千斤顶。当采用 2 台及 2 台以上千斤顶加载时应并联同步工作，且应符合下列规定：

采用的千斤顶型号、规格应相同；

千斤顶的合力中心应与桩轴线重合。

③加载反力装置可根据现场条件选择锚桩横梁反力装置、压重平台反力装置、锚桩压重联合反力装置、地锚反力装置，并应符合下列规定：

加载反力装置能提供的反力不得小于最大加载量的 1.2 倍；

应对加载反力装置的全部构件进行强度和变形验算；

应对锚桩抗拔力（地基土、抗拔钢筋、桩的接头）进行验算；采用工程桩作锚桩时，锚桩数量不应少于 4 根，并应监测锚桩上拔量；

压重应在试验开始前一次加足，并均匀稳固地放置于平台上；

压重施加于地基的压应力不宜大于地基承载力特征值的 1.5 倍，有条件时宜利用工程桩作为堆载支点。

④荷载测量可用放置在千斤顶上的荷重传感器直接测定或采用并联于千斤顶油路的压力表或压力传感器测定油压，根据千斤顶率定曲线换算荷载。传感器的测量误差不应大于 1%。压力表精度应优于或等于 0.4 级。试验用压力表、油泵、油管在最大加载时的压力不应超过规定工作压力的 80%。

⑤沉降测量宜采用位移传感器或大量程百分表，并应符合下列规定：

测量误差不大于 0.1%FS，分辨力优于或等于 0.01 mm。

直径或边宽大于 500 mm 的桩，应在其两个方向对称安置 4 个位移测试仪表，直径或边宽小于等于 500 mm 的桩可对称安置 2 个位移测试仪表。

沉降测定平面宜在桩顶 200 mm 以下位置，不得在承压板上或千斤顶上设置沉降观测点，避免因承压板变形导致沉降观测数据失实。测点应牢固地固定于桩身。

基准梁应具有一定的刚度，梁的一端应固定在基准桩上，另一端应简支于基准桩上。

基准桩应打入地面以下足够深度，一般不小于 1 m。

固定和支撑位移计（百分表）的夹具及基准梁应避免气温、振动及其他外界因素的影响。应采取有效的遮挡措施，以减少温度变化和刮风下雨的影响，尤其是昼夜温差较大且白天有阳光照射时更应注意。

⑥试桩、锚桩（压重平台支墩边）和基准桩之间的中心距离应符合相关规定。

⑦开始试验时间：预制桩在砂土中入土 7 d 后，粉土 10 d 后，非饱和黏性土不得少于 15 d；对于饱和黏性土不得少于 25 d，灌注桩应在桩身混凝土至少达到设计强度的 75%，且不小于 15 MPa 后才能进行。泥浆护壁的灌注桩，宜适当延长休止时间。

⑧桩顶部宜高出试坑底面，试坑底面宜与桩承台底标高一致。混凝土桩头加固应符合下列要求：

混凝土桩应先凿掉桩顶部的破碎层和软弱混凝土。

桩头顶面应平整，桩头中轴线与桩身上部的中轴线应重合。

桩头主筋应全部直通至桩顶混凝土保护层之下，各主筋应在同一高度上。

距桩顶 1 倍桩径范围内，宜用厚度为 3~5 mm 的钢板围裹或距桩顶 1.5 倍桩径范围内设置箍筋，间距不宜大于 100 mm。桩顶应设置钢筋网片 2~3 层，间距 60~100 mm。

桩头混凝土强度等级宜比桩身混凝土提高 1~2 级，且不得低于 C30。

⑨对作为锚桩用的灌注桩和有接头的混凝土预制桩，检测前宜对其桩身完整性进行检测。

⑩试验加卸载方式应符合下列规定：

加载应分级进行，采用逐级等量加载；分级荷载宜为最大加载量或预估极限承载力的 1/10，其中第一级可取分级荷载的 2 倍。

卸载应分级进行，每级卸载量取加载时分级荷载的 2 倍，逐级等量卸载。

二、静力触探试验

静力触探试验（cone penetration test，CPT）是用静力匀速将标准规格的探头压入土中，利用探头内的力传感器，同时通过电子量测仪器将探头受到地灌入阻力记录下来。由于贯入阻力的大小与土层的性质有关，因此通过贯入阻力的变化情况，可以达到测定土的力学特性，了解土层的目的，具有勘探和测试双重功能；孔压静力触探试验（piezocone penetration test）除静力触探原有功能外，在探头上附加孔隙水压力量测装置，用于量测孔隙水压力增长与消散。

静力触探试验适用于软土、一般黏性土、粉土、砂土和含少量碎石的土。静力触探可根据工程需要采用单桥探头、双桥探头或带孔隙水压力量测的单、双桥探头，可测定比贯入阻力（ps）、锥尖阻力（qc）、侧壁摩阻力（fs）和贯入时的孔隙水压力（u）。

目前广泛应用的是电测静力触探，即将带有电测传感器的探头，用静力以匀速贯入土中，根据电测传感器的信号，测定探头贯入土中所受的阻力。按传感器的功能，静力触探分常规的静力触探（CPT，包括单桥探头、双桥探头）和孔压静力触探（CPTU）。单桥探头测定的是比贯入阻力（ps），双桥探头测定的是锥尖阻力（qc）和侧壁摩阻力（fs），孔压静力触探探头是在单桥探头或双桥探头上增加量测贯入土中时土中的孔隙水压力（u，简称孔压）的传感器。国外还发展了各种多功能的静探探头，如电阻率探头、测振探头、侧应力探头、旁压探头、波速探头、振动探头、地温探头等。

1. 静力触探设备

（1）静力触探仪

静力触探仪按贯入能力大致可分为轻型（20~50 kN）、中型（80~120 kN）、重型（200~300 kN）3 种；按贯入的动力及传动方式可分为人力给进、机械传动及液压传动 3 种；按测力装置可分为油压表式、应力环式、电阻应变式及自动记录等不同类型。图 5-1 为我国铁道部鉴定批量生产的 2Y-16 型双缸液压静力触探仪构造示意图。该仪器由加压及锚定、动力及传动、油路、量测等 4 个系统组成。加压及锚定系统：双缸液压千斤顶（9）的活塞与卡杆器（4）相连，卡杆器将探杆（3）固定，千斤顶在油缸的推力下带动探杆上升或下降，该加压系统的反力则由固定在底座上的地锚来承受。动力及传动系统由汽油机（11）、减速箱（15）和油泵（16）组成，其作用是完成动力的传递和转换。汽油机输出的扭矩和转速，经减速箱驱动油泵转动，产生高压油，从而把机械能转变为液体的压力能。油路系统由操纵阀（12）、压力表、油箱（14）及管路组成，其作用是控制油路的压力、流量、方向和循环方式，使执行机构按预期的速度、方向和顺序动作，并确保液压系统的安全。

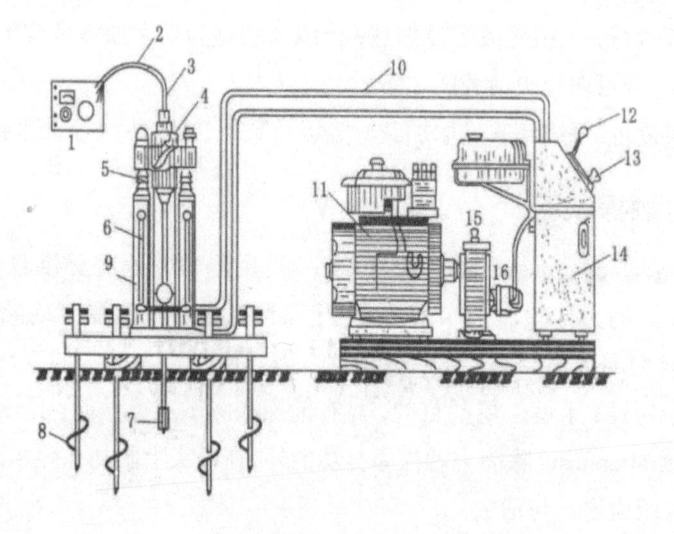

图 5-1　双缸油压静力触探仪结构示意图

1- 电阻应变仪；2- 电缆；3- 探杆；4- 卡杆器；5- 防尘罩；

6- 贯入深度标尺；7- 探头；8- 地锚；9- 油缸；10- 高压软管；

11- 汽油机；12- 手动换向阀；13- 溢流阀；14- 高压油箱；15- 变速箱；16- 油泵

探头由金属制成，有锥尖和侧壁两个部分，锥尖为圆锥体，锥角一般为 60° 探头，在土中贯入时，探头总贯入阻力 p 为锥尖总阻力 qc 和侧壁总摩阻力 p1 之和：

P=qc+ff

根据量测贯入阻力的方法不同，探头可分为两大类：一类只能量测总贯入阻力力，不能区分锥尖阻力 qc 和侧壁总摩阻力 pf，这类探头叫单用探头或综合型探头。我国的标准单桥探头，特点是探头的锥尖与侧壁连在一起，另一类能分别量测探头锥尖总阻力 qc 和侧壁总摩阻力 p1，这类探头称为双用探头，其探头和侧壁套筒分开，并有各自测量变形的传感器。

孔压探头，它不仅具有双桥探头的作用，还带有滤水器，能测定触探时的孔隙水压力。滤水器的位置可在锥尖或锥面或在锥头以后圆柱面上，不同位置所测得的孔压是不同的，孔压的消散速率也是不同的。微孔滤水器可由微孔塑料、不锈钢、陶瓷或砂石等制成。微孔孔径要求既有一定的渗透性，又能防止土粒堵塞孔道，并有高的进气压力（保证探头不致进气），一般要求渗透性为 10~2 cm · s-1，孔径为 15~20 μm。

（2）静力触探量测仪器

目前，我国常用的静力触探测量仪器有两种类型：一种为电阻应变仪，另一种为自动记录仪。现在基本都已采用自动记录仪，可以直接将野外数据转入计算机处理。

①电阻应变仪

电阻应变仪由稳压电源、振荡器、测量电桥、放大器，相敏检波器和平衡指示器等组成。应变仪是通过电桥平衡原理进行测量的。当触探头工作时，传感器发生变形，引起测量桥路的平衡发生变化，通过手动调整电位器使电桥达到新的平衡，根据电位器调整程序就可确定应变量的大小，并可以从读数盘上直接读出。因需手工操作，易发生漏读或误读，现已不太使用。

②自动记录仪

静力触探自动记录仪，是由通用的电子电位差计改装而成，它能随深度自动记录土层贯入阻力的变化情况，并以曲线的方式自动绘在记录纸上，从而提高了野外工作的效率和质量。自动记录仪主要由稳压电源、电桥、滤波器、放大器、滑线电阻和可逆电机组成。由探头输出的信号，经过滤波器以后，到达测量电桥，产生出一个不平衡电压，经放大器放大后，推动可逆电机转动，与可逆电机相连的指示机构，就沿着有分度的标尺滑行，标尺是按讯号大小比例刻制的，因而指示机构所指示的位置即为被测讯号的数值。

深度控制是在自动记录仪中采用一对自整角机，即 45LF5B 及 45LJ5B（或 5A 型）。

现在已将静力触探试验过程引入微机控制的行列，采用数据采集处理系统。它能自动采集数据、存储数据、处理数据、打印记录表、并实时显示和绘制静力触探曲线。即在钻进过程中可显示和存入与各深度对应的qc和fs值，起拔钻杆时即可进行资料分析处理，数据可以直接转入计算机，打印出直观曲线，并可进行力学分层，分层统计各土层的qc、fs平均值等。

③水下静力触探（CPT）试验装置

广州市辉固技术服务有限公司拥有一种下潜式的静力触探工作平台，供进行水下静力触探之用，并已用于世界各地的海域。工作时用带有起吊设备的工作母船将该平台运到指定水域，定点后用起吊设备将该工作平台放入水中，并靠其自重沉到河床（或海床）上。平台只通过系留钢缆和电缆与水面上的母船相连。

2. 试验的技术要求

（1）探头圆锥锥底截面积应采用10 cm^2或15 cm^2，单桥探头侧壁高度应分别采用57 mm或70 mm，双桥探头侧壁面积应采用150~300 cm^2，锥尖锥角应为60°。

圆锥截面积国际通用标准为10 cm^2，但国内勘察单位广泛使用15 cm^2的探头；10 cm^2与15 cm^2地灌入阻力相差不大，在同样的土质条件和机具贯入能力的情况下，10 cm^2比15 cm^2地灌入深度更大；为了向国际标准靠拢，最好使用锥头底面积为10 cm^2的探头。探头的几何形状及尺寸会影响测试数据的精度，故应定期进行检查。

（2）探头应匀速垂直压入土中，贯入速率为1.2 m · min-1。贯入速率要求匀速，贯入速率（1.2 ± 0.3）$m \cdot min^{-1}$是国际通用的标准。

（3）探头测力传感器应连同仪器、电缆进行定期标定，室内探头标定测力传感器的非线性误差、重复性误差、滞后误差、温度漂移、归零误差均应小于1%FS，现场试验归零误差应小于3%，这是试验数据质量好坏的重要标志；探头的绝缘度3个工程大气压下保持2 h，绝缘电阻不小于500 MΩ。

（4）贯入读数间隔一般采用0.1 m，不超过0.2 m，深度记录误差不超过触探深度的士1%；

（5）当贯入深度超过30 m或穿过厚层软土后再贯入硬土层时，应采取措施防止孔斜或断杆，也可配置测斜探头，量测触探孔的偏斜角，校正土层界线的深度。

为保证触探孔与垂直线间的偏斜度小，所使用探杆的偏斜度应符合标准：最初5根探杆每米偏斜小于0.5 mm，其余小于1 mm；当使用的贯入深度超过50 m或使用15~20次，应检查探杆的偏斜度；如贯入厚层软土，再穿入硬层、碎石土、残积土，每用过一次应作探杆偏斜度检查。

触探孔一般至少距探孔25倍孔径或2 m。静力触探宜在钻孔前进行，以免钻孔对贯入阻力产生影响。

（6）孔压探头在贯入前，应在室内保证探头应变腔为已排除气泡的液体所饱和，并在现场采取措施保持探头的饱和状态，直至探头进入地下水位以下的土层为止；在孔压静探试验过程中不得上提探头。

（7）当在预定深度进行孔压消散试验时，应量测停止贯入后不同时间的孔压值，其计时间隔由密而疏合理控制；试验过程不得松动探杆。

3 成果应用

（1）划分土层和判定土类

根据贯入曲线的线型特征，结合相邻钻孔资料和地区经验，划分土层和判定土类；计算各土层静力触探有关试验数据的平均值，或对数据进行统计分析，提供静力触探数据的空间变化规律。

根据静探曲线在深度上的连续变化可对土进行力学分层，并可根据贯入阻力的大小、曲线形态特征、摩阻比的变化、孔压曲线对土类进行判别，进行工程分层。

土层划分应考虑超前和滞后现象，土层界线划分时，应注意以下几点：

①当上下层贯入阻力无大的变化时，可结合 f,或 R 的变化确定分层层面。

②当上下层贯入阻力有变化时，由于存在超前和滞后现象，分层层面应划在超前与滞后范围内。上下土层贯入阻力相差不到 1 倍时，分层层面取超前深度和滞后深度的中点（或中点偏向小阻力土层 5~10 cm）。上下土层贯入阻力相差 1 倍以上时，取软层最后一个（或第一个）低贯入阻力偏向硬层 10~15 cm 作为分层层面。

（2）其他应用

根据静力触探资料，利用地区经验，可进行力学分层，估算土的塑性状态或密实度、强度、压缩性、地基承载力、单桩承载力、沉桩阻力以及进行液化判别等。根据孔压消散曲线可估算土的固结系数和渗透系数。

利用静探资料可估算土的强度参数，浅基或桩基的承载力、砂土或粉土的液化。只要经验关系经过检验已证实是可靠的，利用静探资料可以提供有关设计参数。利用静探资料估算变形参数时，由于贯入阻力与变形参数间不存在直接的机理关系，可能可靠性较低；利用孔压静探资料有可能评定土的应力历史，但其还有待于积累经验。由于经验关系有其地区局限性，采用全国统一的经验关系是不科学的。

三、圆锥动力触探试验

圆锥动力触探试验（dynamic penetration test，DPT）是用一定质量的重锤，以一定高度的自由落距，将标准规格的圆锥形探头贯入土中，根据打入土中一定距离所需的锤击数，判定土的力学特性，具有勘探和测试双重功能。

圆锥动力触探试验的类型可分为轻型、重型和超重型三种，其规格和适用土类应符合相关规定。

轻型动力触探的优点是轻便，对于施工验槽、填土勘察、查明局部软弱土层、洞穴等分布，均有实用价值。重型动力触探是应用最广泛的一种，其规格标准与国际通用标准一致。超重型动力触探的能量指数（落锤能量与探头截面积之比）与国外的并不一致，但相近，适用于碎石土。

动力触探试验指标主要用于以下目的：

划分不同性质的土层。当土层的力学性质有显著差异，而在触探指标上没有明显反映时，可利用动力触探进行分层和定性地评价土的均匀性，检查填土质量，探查滑动带、土洞和确定基岩面或碎石土层的埋藏深度；确定桩基持力层和承载力；检验地基加固与改良的质量效果等。

确定土的物理力学性质。评定砂土的孔隙比或相对密实度、粉土及黏性土的状态；估算土的强度和变形模量；评定地基土和桩基承载力，估算土的强度和变形参数等。

1. 试验设备

圆锥动力触探设备主要由圆锥头、触探杆、穿心锤三部分组成。

我国采用的自动落锤装置种类很多，有抓钩式（分外抓钩式和内抓钩式）、钢球式、滑销式、滑槽式和偏心轮式等。

锤的脱落方式可分为碰撞式和缩径式。前者动作可靠，但操作不当易产生明显的反向冲击，影响试验成果。后者导向杆容易被磨损，长期工作，易发生故障。

2. 试验技术要求

（1）采用自动落锤装置。锤击能量是对试验成果有影响的最重要的因素，落锤方式应采用控制落距的自动落锤，使锤击能量比较恒定。

（2）注意保持杆件垂直，触探杆最大偏斜度不应超过 2%，锤击贯入应连续进行，在黏性土中击入的间歇会使侧摩阻力增大；同时防止锤击偏心、探杆倾斜和侧向晃动，保持探杆垂直度；锤击速率也影响试验成果，每分钟宜为 15~30 击；在砂土、碎石土中，锤击速率影响不大，则可采用每分钟 60 击。

（3）触探杆与土间的侧摩阻力是对试验成果有影响的另一重要因素。试验过程中，可采取下列措施减少侧摩阻力的影响：

探杆直径小于探头直径，在砂土中探头直径与探杆直径比应大于 1.3，而在黏土中可小些；

贯入一定深度后旋转探杆（每 1 m 转动一圈或半圈），以减少侧摩阻力；贯入深度超过 10 m，每贯入 0.2 m，转动一次；

探头的侧摩阻力与土类、土性、杆的外形、刚度、垂直度、触探深度等均有关，很难用一固定的修正系数处理，应采取切合实际的措施，减少侧摩阻力，对贯入深度加以限制。

（4）对轻型动力触探，当 $N_{10}>100$ 或贯入 15 cm 锤击数超过 50 时，可停止试验；对重型动力触探，当连续三次 $N_{63.5}>50$ 时，可停止试验或改用超重型动力触探。

3. 资料整理与试验成果分析

（1）单孔连续圆锥动力触探试验应绘制锤击数与贯入深度关系曲线。

（2）计算单孔分层贯入指标平均值时，应剔除临界深度以内的数值超前和滞后影响范围内的异常值；

在整理触探资料时，应剔除异常值，在计算土层的触探指标平均值时，超前滞后范围内的值不反映真实土性；临界深度以内的锤击数偏小，不反映真实土性，故不应参加统计。动力触探本来是连续贯入的，但也有配合钻探间断贯入的做法，间断贯入时临界深度以内的锤击数同样不反映真实土性，不应参加统计。

(3)整理多孔触探资料时，应结合钻探资料进行分析，对均匀土层，根据各孔分层地灌入指标平均值，用厚度加权平均法计算场地分层贯入指标平均值和变异系数。

4. 成果应用

根据圆锥动力触探试验指标和地区经验，可进行力学分层，评定土的均匀性和物理性质(状态、密实度)、土的强度，变形参数、地基承载力，单桩承载力、查明土洞、滑动面、软硬土界面，检测地基处理效果等。应用试验成果时是否修正或如何修正，应根据建立统计关系时的具体情况确定。

四、标准贯入试验

标准贯入试验(standard penetration test，SPT)是用质量为63.5 kg的穿心锤，以76 cm的落距，将标准规格地灌入器，自钻孔底部预打15 cm，记录再打入30 cm的锤击数，判定土的力学特性。

标准贯入试验仅适用于砂土、粉土和一般黏性土，不适用于软溯流塑软土。在国外用实心圆锥头(锥角60°)替换贯入器下端的管靴，使标贯适用于碎石土、残积土和裂隙性硬黏土以及软岩，但国内尚无这方面的具体经验。

标准贯入试验的目的是用测得的标准贯入击数N判断砂的密实度或黏性土和粉土的稠度，估算土的强度与变形指标，确定地基土的承载力，评定砂土、粉土的振动液化及估计单桩极限承载力及沉桩可能性；并可划分土层类别，确定土层剖面和取扰动土样进行一般物理性试验，用于岩土工程地基加固处理设计及效果检验。

五、十字板剪切试验

十字板剪切试验(vane shear test，VST)是用插入土中的标准十字板探头以一定速率扭转，量测土破坏时的抵抗力矩，测定土的不排水抗剪强度。

十字板剪切试验用于原位测定饱和软黏土($\phi\approx0$)的不排水抗剪强度和估算软黏土的灵敏度。

试验深度一般不超过30 m。为测定软黏土不排水抗剪强度随深度的变化，试验点竖向间距可取1 m，以便均匀地绘制不排水抗剪强度 - 深度变化曲线，对非均质或夹薄层粉细砂的软黏性土，宜先作静力触探，结合土层变化，选择软黏土进行试验。当土层随深度的变化复杂时，可根据静力触探成果和工程实际需要，选择有代表性的点布置试验点，不一定均匀间隔布置试验点，遇到变层，要增加测点。

1. 试验仪器设备

十字板剪切试验设备主要由下列三部分组成：

(1)测力装置：开口钢环式测力装置，借助钢环的拉伸变形来反映施加扭力的大小。

（2）十字板头：目前国内外多采用矩形十字板头，且径高比为 1∶2 的标准型。常用的规格有 50 mm × 100 mm 和 75 mm × 150 mm 两种，前者适用于稍硬的黏性土，后者适用于软黏土。

（3）轴杆：按轴杆与十字板头的连接方式有离合式和牙嵌式两种。一般使用的轴杆直径约为 20 mm。

2. 试验技术要求

（1）十字板板头形状宜为矩形，径高比 1∶2，板厚宜为 2~3 mm。

十字板头形状国外有矩形、菱形、半圆形等，但国内均采用矩形。当需要测定不排水抗剪强度的各向异性变化时，可以考虑采用不同菱角的菱形板头，也可以采用不同径高比板头进行分析。矩形十字板头的径高比 1∶2 为通用标准，十字板头面积比，直接影响插入板头时对土的挤压扰动，一般要求面积比小于 15%；十字板头直径为 50 mm 和 75 mm，翼板厚度分别为 2 mm 和 3 mm，相应的面积比为 13%~14%。

（2）十字板头插入钻孔底的深度影响测试成果，我国规范规定不应小于钻孔或套管直径的 3 倍。美国规定为 5b（b 为钻孔直径），俄罗斯规定 0.3~0.5 m，德国规定为 0.3 m。

（3）十字板插入至试验深度后，至少应静止 2~3 min，方可开始试验。

（4）扭转剪切速率宜采用（1° ~2° ）/10s，并应在测得峰值强度后继续测记 1min。剪切速率的规定，应考虑能满足在基本不排水条件下进行剪切；Skempton 认为用 0.1%/s 的剪切速率得到的 C。误差最小；实际上对不同渗透性的土，规定相应的不排水条件的剪切速率是合理的。目前各国规程规定的剪切速率在 0.1° /s~0.5° /s，如美国为 0.1° /s，英国为 0.1” /s~0.2° /s，俄罗斯为 0.2° /s~0.3%/s，德国为 0.5° %/s。

（5）在峰值强度或稳定值测试完后，顺扭转方向连续转动 6 圈后，测定重塑土的不排水抗剪强度。

（6）对开口钢环十字板剪切仪，应修正轴杆与土间的摩阻力的影响。

机械式十字板剪切仪由于轴杆与土层间存在摩阻力，因此应进行轴杆校正。由于原状土与重塑土的摩阻力是不同的，为了使轴杆与土间的摩阻力减到最低值，使进行原状土和扰动土不排水抗剪强度试验时有同样的摩阻力值，在进行十字板试验前，应将轴杆先快速旋转十余圈。由于电测式十字板直接测定的是施加于板头的扭矩，故不需进行轴杆摩擦的校正。国外十字板剪切试验规程对精度的规定，美国为 1.3 kPa，英国为 1 kPa，俄罗斯为 1~2 kPa，德国为 2 kPa。参照这些标准，以 1~2 kPa 为宜。

六、旁压试验

旁压试验（pressure meter test，PMT）是用可侧向膨胀的旁压器，对钻孔孔壁周围的土体施加径向压力的原位测试，根据压力和变形关系，计算土的模量和强度。

旁压试验适用于黏性土、粉土、砂土、碎石土、残积土、极软岩和软岩等。

1. 试验设备

旁压仪包括预钻式、自钻式和压入式三种。国内目前以预钻式为主，本节以下内容也是针对预钻式的，压入式目前尚无产品。

(1)预钻式旁压仪

预钻式旁压仪由旁压器、控制单元和管路三部分组成。

①旁压器

旁压器是对孔壁土(岩)体直接施加压力的部分，是旁压仪最重要的部件。它由金属骨架、密封的橡皮膜和膜外护铠组成。旁压器分单腔式和三腔式两种，目前常用的是三腔式。当旁压器有效长径比大于4时，可认为属于无限长圆柱扩张轴对称平面应变问题。单腔式、三腔式所得结果无明显差别。

三腔式旁压器由测量腔(中腔)和上下两个护腔构成。测量腔和护腔互不相通，但两个护腔是互通的，并把测量腔夹在中间。试验时有压介质(水或油)从控制单元通过中间管路系统进入测量腔、使橡皮膜沿径向膨胀，孔周土(岩)体受压呈圆柱形扩张，从而可以探究孔壁压力与钻孔体积变化的关系。

②控制单元

控制单元位于地表，通常是设置在三脚架上的一个箱式结构，其功能是控制试验压力和测读旁压器体积(应变)的变化。一般由压力源(高压氦气瓶)、调压器、测管、水箱、各类阀门、压力表、管路和箱式结构架等组成。

③管路系统

管路是用于连接旁压器和控制单元、输送和传递压力与体积信息的系统，通常包括气路、水(油)路和电路。

(2)仪器的标定

仪器的标定主要有弹性膜约束力的标定和仪器综合变形的标定。

由于约束力随弹性膜的材质使用次数和气温而变化，因此新装或用过若干次后均需对弹性膜的约束力进行标定。仪器的综合变形，包括调压阀、量管、压力计、管路等在加压过程中的变形。国产旁压仪还需作体积损失的校正，对国外GA型和GAM型旁压仪，如果体积损失很小，可不作体积损失的校正。

①弹性膜约束力的标定

由于弹性膜具有一定厚度，因此在试验时施加的压力并未全部传递给土体，而因弹性膜本身产生的侧限作用使压力受到损失。这种压力损失值称为弹性膜的约束力。弹性膜约束力的标定方法是：

先将旁压器置于地面，然后打开中腔和上、下腔阀门使其充水。当水灌满旁压器并回返至规定刻度时，将旁压器中腔的中点位置放在与量管水位相同的高度，记下初读数。随后逐级加压，每级压力增量为10 kPa，使弹性膜自由膨胀，量测每级压力下的量管水位下降值，直到量管水位下降总值接近40 cm时停止加压。根据记录绘制压力与水位下降值的关系曲线，即为弹性膜约束力标定曲线。S 轴的渐近线所对应的压力即为弹性膜的约束力。

②仪器综合变形的标定

由于旁压仪的调压阀、量管、导管、压力计等在加压过程中均会产生变形，造成水位下降或体积损失。这种水位下降值或体积损失值称为仪器综合变形。仪器综合变形标定方法是将旁压器放进有机玻璃管或钢管内，使旁压器在受到径向限制的条件下进行逐级加压，加压等级为 100 kPa，直加到旁压仪的额定压力为止。根据记录的压力力和量管水位下降值 S 绘制 p-S 曲线，曲线上直线段的斜率 S/p 即为仪器综合变形校正系数 a。

2. 试验技术要求

（1）旁压试验点的布置

在了解地层剖面的基础上（最好先做静力触探或动力触探或标准贯入试验），应选择在有代表性的位置和深度进行，旁压器的量测腔应在同一土层内。试验点的垂直间距应根据地层条件和工程要求确定，根据实践经验，旁压试验的影响范围，水平向约为 60 cm，上下方向约为 40 cm。为避免相邻试验点应力影响范围重叠，试验孔与已有钻孔的水平距离不宜小于 1 m。

（2）成孔质量

预钻式旁压试验应保证成孔质量，钻孔直径与旁压器直径应良好配合，防止孔壁坍塌；自钻式旁压试验的自钻钻头，钻头转速钻进速率、刃口距离、泥浆压力和流量等应符合有关规定。

成孔质量是预钻式旁压试验成败的关键，成孔质量差，会使旁压曲线反常失真，无法应用。为保证成孔质量，要注意：

①孔壁垂直、光滑、呈规则圆形，尽可能减少对孔壁的扰动。

②软弱土层（易发生缩孔、坍孔）用泥浆护壁。

③钻孔孔径应略大于旁压器外径，一般宜大于 8 mm。

（3）加荷等级

加荷等级可采用预期临塑压力的 1/5~1/7，初始阶段加荷等级可取小值，必要时可作卸荷再加荷试验，测定再加荷旁压模量。

（4）加荷速率

关于加荷速率，目前国内有“快速法”和“慢速法”两种。国内一些单位的对比试验表明，两种不同的加荷速率对临塑压力和极限压力影响不大。为提高试验效率，一般使用每级压力维持 1 min 或 2 min 的快速法。

每级压力应维持 1 min 或 2 min 后再施加下一级压力，维持 1 min 时，加荷后 15 s、30 s、60 s 测读变形量，维持 2 min 时，加荷后 15 s、30 s、60 s、120 s 测读变形量。在操作和读数熟练的情况下，尽可能采用短的加荷时间；快速加荷所得旁压模量相当于不排水模量。

（5）终止试验条件

旁压试验终止试验条件为：

①加荷接近或达到极限压力。

②量测腔的扩张体积相当于量测腔的固有体积，避免弹性膜破裂。

③国产 PY2-A 型旁压仪，当量管水位下降刚达 36 cm 时（绝对不能超过 40 cm），即应终止试验。

④法国 GA 型旁压仪规定，当蠕变变形等于或大于 50 cm^3 或量筒读数大于 600 cm^3 时应终止试验。

七、扁铲侧胀试验

扁铲侧胀试验（dilatometer test，DMT），也有译为扁板侧胀试验，系 20 世纪 70 年代意大利 SilvanoMarchetti 教授创立。扁铲侧胀试验是将带有膜片的扁铲压入土中预定深度，充气使膜片向孔壁土中侧向扩张，根据压力与变形关系，测定土的模量及其他有关指标。因能比较准确地反映小应变的应力应变关系，测试的重复性较好，引入我国后，受到岩土工程界的重视，进行了比较深入的试验研究和工程应用，已被列入铁道部《铁路工程地质原位测试规程》。美国的 ASTM 和欧洲的 EUROCODE 亦已列入。

扁铲侧胀试验适用于软土、一般黏性土、粉土、黄土和松散～中密的砂土，其中最适宜在软弱松散土中进行，随着土的坚硬程度或密实程度的增加，适宜性渐差。当采用加强型薄膜片时，也可应用于密实的砂土。

1. 试验仪器设备

试验仪器由侧胀器（俗称扁铲）、压力控制单元、位移控制单元、压力源及贯入设备、探杆等组成。

扁铲侧胀器由不锈钢薄板制成，其尺寸为：试验探头长 230~240 mm，宽 94~96 mm、厚 14~16 mm，探头前缘刃角 12°～16°，探头侧面钢膜片的直径 60 mm。膜片厚约 0.2 mm，富有弹性可侧胀。

2. 试验技术要求

（1）扁铲侧胀试验探头加工的具体技术标准和规格应符合国际通用标准。要注意探头不能有明显弯曲，并应进行老化处理。

（2）每孔试验前后均应进行探头率定，取试验前后的平均值为修正值；膜片的合格标准为：

率定时膨胀至 0.05 mm 的气压实测值 ΔA=5~25 kPa；

率定时膨胀至 1.10 mm 的气压实测值 ΔB=10~110 kPa。

（3）可用贯入能力相当的静力触探机将探头压入土中。试验时，应以静力匀速将探头贯入土中，贯入速率宜为 2 cm · s-1；试验点间距可取 20~50 cm。

（4）探头达到预定深度后，应匀速加压和减压测定膜片膨胀至 0.05 mm、1.10 mm 和回到 0.05 mm 的压力 A、B、C 值。

（5）扁铲侧胀消散试验，应在需测试的深度进行，测读时间间隔可取 1min，2min，4min，8 min，15 min，30 min，90 min，以后每 90 min 测读一次，直至消散结束。

八、波速试验

波速测试适用于测定各类岩土体的压缩波、剪切波或瑞利波的波速。按本节规定测得的波速值可应用于下列情况：

1. 计算地基岩土体在小应变条件下（10 - 4~10 - 6）的动弹性模量、动剪切模量和动泊松比。

2. 场地土的类型划分和场地土层的地震反应分析。

3. 在地基勘察中，配合其他测试方法综合评价场地土的工程力学性质，也可检验岩土加固与改良的效果。

可根据任务要求，试验方法可采用跨孔法、单孔法（检层法）和面波法。

1. 单孔波速法（检层法）

（1）试验仪器设备

①振源

剪切波振源，应满足如下三个条件：

A. 优势波应为 SH 和 SV 波；

B. 具有可重复性和可反向性，以利剪切波的判读；

C. 如在孔中激发，应能顺利下孔。

②拾振器

孔中接收时，使用三分量检波器组，并带有气囊或其他贴孔壁装置。地表接收时，使用地震检波器，其灵敏轴应与优势波主振方向一致。

③记录仪

使用地震仪或具有地震仪功能的其他仪器，应能记录波形，以利波的识别和对比。

（2）单孔法波速测试的技术要求

单孔波速法，可沿孔向上或向下检层进行测试。主要检测水平的剪切波速，识别第一个剪切波的初至是关键。

单孔法波速测试的技术要求应符合下列规定：

①测试孔应垂直。

②当剪切波振源采用锤击上压重物的木板时，木板的长向中垂线应对准测试孔中心，孔口与木板的距离宜为 1~3 m；板上所压重物宜大于 400 kg；木板与地面应紧密接触；当压缩波振源采用锤击金属板时，金属板距孔口的距离宜为 1~3 m。

③测试时，测点布置应根据工程情况及地质分层，测点的垂直间距宜取 1~3 m，层位变化处加密，并宜自下而上逐点测试。

④传感器应设置在测试孔内预定深度处固定,并紧贴孔壁。

⑤可采用地面激振或孔内激振；剪切波测试时,沿木板纵轴方向分别打击其两端,可记录极性相反的两组剪切波波形；压缩波测试时，可锤击金属板，当激振能量不足时，可采用落锤或爆炸产生压缩波。

⑥测试工作结束后,应选择部分测点作重复观测,其数量不应少于测点总数的10%。

2. 跨孔法

(1)试验仪器设备

①振源

剪切波振源宜采用剪切波锤，也可采用标准贯入试验装置，压缩波振源宜采用电火花或爆炸等。由重锤、标贯试验装置组合的振源可配合钻机和标贯试验装置进行。钻进一段测试一段，该振源能量较大，但速度较慢。用扭转振源可产生丰富的剪切波能量和极低的压缩波能量，易操作、可重复、可反向激振，但能量较弱，一般配信号增强型放大器。

②接收器

要求接收器既能观察到竖直分量，又能观察到两个水平分量的记录，以便更好地识别剪切波的到达时刻，所以一般都采用三分量检波器检测地震波。这种三分量检波器是由三个单独检波器按相互垂直(即X、Y、Z)的方向固定，并密封在一个无磁性的圆形筒内。

在测点处一般用气囊装置将三分量检波器的外壳及其孔壁压紧。竖直方向的检波器可以精确地接收到水平传播、垂直偏振的SV波。两个水平检波器可以接收到P波的水平偏振SH。

(2)操作技术要点

①钻孔布置。跨孔法波速测试一般需要在一条平行的地层走向或垂直地层走向的直线上布置同等深度的三个钻孔。有时为了节约经费，避免下套管和灌浆等工序，也可采用两个钻孔作跨孔法测试。

②钻孔直径。钻孔孔径需满足振源和检波器顺利在孔内上下移动的要求。根据工程实践经验，对于岩石，不下套管时，孔径一般为55~80mm，下套管时，孔径一般为110mm；对于土层,钻孔孔径一般为100~300mm。

③钻孔间距。钻孔间距要综合考虑波的传播路径以及测试仪器的计时精度，一般钻孔间距,在土层中2~5m为宜,在岩层中8~15m为宜。

④套管与孔壁空隙的充填。钻孔时应垂直，并用泥浆护壁，并最好采用下塑料套管，并采用灌浆法填充套管与孔壁的空隙,一般配备膨润土、水泥和水的配比为1∶1∶6.25的浆液,自上而下灌入空隙中,浆液固结后的密度接近土介质密度。此外,也可采用干砂填充密实。如此孔内振源、检波器和地层介质间能更好耦合,以提高测试精度。

⑤孔斜测定。跨孔法钻孔应尽量垂直，当测试深度大于15m时，必须采用高精度孔

斜仪（量测精度应达到0.1）对所有测试孔进行倾斜度及倾斜方位的测试，计算各测点深度处的实际水平孔距，供计算波速时采用。测点间距不应大于1m。

⑥测点设置。测试一般从距离地面2m深度开始，其下测点间距为每隔1~2m增加一个测点，也可根据实际地层情况做适当调整，一般测点宜选在测试地层的中间位置。当测试深度大于15m时，测点间距应不大于1m。

⑦测试方法。

第一，测试时，振源与接收孔内的传感器应设置在同一水平面上。由于直达波只通过一个土层，测试波速便直接得出。

第二，当振源采用剪切波锤时，宜采用一次成孔法。即将跨孔测试所需要的钻孔按照预定的设计深度一次成孔，然后将塑料套管下到距离孔底还剩2m左右的深度，接着向套管与孔壁之间的环形空隙灌浆，直到浆液从孔口溢出。等灌浆凝固后，方进行测试。测试时，先把边缘一个孔作为振源孔，并把井下剪切波锤放置到试验深度，然后撑开液压装置，将井下锤紧固于此位置。并在另外两个钻孔中的同一标高处放人三分量检波器，立即充气，将检波器位置固定。然后向上拉连接在井下剪切波锤上的钢丝绳，用重锤撞击圆筒，产生振动，相应的另外孔中的检波器接收到剪切波初至。

第三，当振源采用标准贯人试验装置时，宜采用分段测试法。即采用三台钻机同时钻进，当钻孔钻到预定深度后，一般距离测点1 ~ 2m，将钻具取出，把开瓣式取土器送到预定深度，先打入土中30cm后，再将三分量检波器放人另外两个钻孔同一标高处，然后用重锤敲击，使得取土器外壳与土体作近似摩擦剪切运动，产生剪切分量，而检波器则收到初至的剪切波。这种方法主要用于深度不太大的第四纪土层中的跨孔波速测试，以减少下套管和灌浆等复杂技术问题。

⑧检查测量。当采用一次成孔法测试时，测试工作结束后，应选择部分测点作重复观测，其数量不应少于测点总数的10%；也可采用振源孔和接收孔互换的方法进行检测。在现场应及时对记录波形进行鉴别判断，确定是否可用；如不合格，在现场可立即重做。钻孔如有倾斜，应作孔距的校正。

第四节　室内试验及物理力学指标统计分析

一、岩土试验项目和试验方法

本节主要内容是关于岩土试验项目和试验方法的选取以及一些原则性问题的规定，具体的操作和试验仪器规格，则应按现行国家标准《土工试验方法标准》（GB/T 50123-1999）和国家标准《工程岩体试验方法标准》（GB/T 50266-2013）的规定执行。由于岩土试样和试验条件不可能完全代表现场的实际情况，故规定在岩土工程评价时，宜将试验结果与原位测试成果或原型观测反分析成果比较,并作必要的修正后选用。

试验项目和试验方法,应根据工程要求和岩土性质的特点确定。一般的岩土试验,可以按标准的、通用的方法进行。但是,岩土工程师必须注意到岩土性质和现场条件中存在的许多复杂情况,包括应力历史、应力场、边界条件、非均质性、非等向性、不连续性等。工程活动引起的新应力场和新边界条件,使岩土体与岩土试样的性状之间存在不同程度的差别。试验时应尽可能模拟实际,使试验条件尽可能接近实际,使用试验成果时不要忽视这些差别。

对特种试验项目,应制定专门的试验方案。

制备试样前,应对岩土的重要性状做肉眼鉴定和简要描述。

1. 土的物理性质试验

(1)各类工程均应测定下列土的分类指标和物理性质指标:

砂土:颗粒级配、体积质量、天然含水量、天然密度、最大和最小密度。

粉土:颗粒级配、液限、塑限、体积质量、天然含水量、天然密度和有机质含量。

黏性土:液限、塑限、体积质量、天然含水量、天然密度和有机质含量。

(2)测定液限时,应根据分类评价要求,选用现行国家标准《土工试验方法标准》(GB/T50123-1999)规定的方法。我国通常用 76 g 瓦氏圆锥仪,但在国际上卡氏碟式仪更为通用,故目前在我国是两种方法并用。由于测定方法的试验成果有差异,故应在试验报告上注明。土的体积质量变化幅度不大,有经验的地区可根据经验判定,但在缺乏经验的地区,仍应直接测定。

(3)当进行渗流分析、基坑降水设计等要求提供土的透水性参数时,应进行渗透试验。常水头试验适用于砂土和碎石土;变水头试验适用于粉土和黏性土;透水性很低的软土可通过固结试验测定固结系数、体积压缩系数和渗透系数。土的渗透系数取值应与野外抽水试验或注水试验的成果比较后确定。

(4)当需对土方回填和填筑工程进行质量控制时,应选取有代表性的土试样进行击实试验,测定干密度与含水量关系,确定最大干密度、最优含水量。

2. 土的压缩固结试验

(1)采用常规固结试验求得的压缩模量和一维固结理论进行沉降计算,是目前广泛应用的方法。由于压缩系数和压缩模量的值随压力段而变,所以当采用压缩模量进行沉降计算时,固结试验最大压力应大于土的有效自重压力与附加压力之和,试验成果可用 e-p 曲线整理,压缩系数和压缩模量的计算应取自土的有效自重压力至土的有效自重压力与附加压力之和的压力段;当考虑深基坑开挖卸荷和再加荷影响时,应进行回弹试验,其压力的施加应模拟实际的加、卸荷状态。

(2)按不同的固结状态(正常固结、欠固结、超固结)进行沉降计算,是国际上通用的方法。当考虑土的应力史进行沉降计算时,试验成果应按 e-1gp 曲线整理,确定先期固结压力并计算压缩指数和回弹指数。施加的最大压力应满足绘制完整的 e-1gp 曲线。为计算回弹指数，应在估计的先期固结压力之后，进行一次卸荷回弹，再继续加荷，直至完成预定的最后一级压力。

(3)当需进行沉降历时关系分析时，应选取部分土试样在土的有效压力与附加压力之和的压力下，作详细的固结历时记录，并计算固结系数。

(4)沉降计算时一般只考虑主固结，不考虑次固结。但对于厚层高压缩性软土上的工程，次固结沉降可能占相当分量，不应忽视。任务需要时应取一定数量的土试样测定次固结系数，用以计算次固结沉降及其历时关系。

(5)除常规的沉降计算外，有的工程需建立较复杂的土的力学模型进行应力应变分析。当需进行土的应力应变关系分析，为非线性弹性、弹塑性模型提供参数时，可进行三轴压缩试验，试验方法宜符合下列要求：

进行围压与轴压相等的等压固结试验，应采用三个或三个以上不同的固定围压，分别使试样固结，然后逐级增加轴压，直至破坏，取得在各级围压下的轴向应力与应变关系，供非线性弹性模型的应力应变分析用；各级围压下的试验，宜进行1~3次回弹试验。

当若有必要，除上述试验外，还要在三轴仪上进行等向固结试验，即保持围压与轴压相等；逐级加荷，取得围压与体积应变关系，计算相应的体积模量，供弹性、非线性弹性、弹塑性等模型的应力应变分析用。

3. 土的抗剪强度试验

(1)排水状态对三轴试验成果影响很大，不同的排水状态所测得的c、ϕ值差别很大，故应使试验时的排水状态尽量与工程实际一致。三轴剪切试验的试验方法应按下列条件确定：

对饱和黏性土，当加荷速率较快时宜采用不固结不排水(UU)试验。由于不固结不排水剪得到的抗剪强度最小，用其进行计算结果偏于安全，但是饱和软黏土的原始固结程度不高，而且取样等过程又难免有一定的扰动影响，故为了不使试验结果过低，规定饱和软黏土应对试样在有效自重压力下预固结后再进行试验。

对预压处理的地基、排水条件好的地基、加荷速率不高的工程或加荷速率较快但土的超固结程度较高的工程，以及需验算水位迅速下降时的土坝稳定性时，可进行固结不排水($\overline{\mathrm{CU}}$)试验。当需提供有效应力抗剪强度指标时，应进行固结不排水测孔隙水压力($\overline{\mathrm{CU}}$)试验。

对在软黏土上非常缓慢地建造的土堤或稳态渗流条件下进行稳定分析的土堤，可进行固结排水($\overline{\mathrm{CD}}$)试验。

(2)直接剪切试验的试验方法，应根据荷载类型、加荷速率及地基土的排水条件确定。虽然直剪试验存在一些明显的缺点，如受力条件比较复杂，排水条件不能控制等，但由于仪器和操作都比较简单，又有大量实践经验，故在一定条件下仍可采用，但对其应用范围应予限制。无侧限抗压强度试验是三轴试验的一个特例，对于内摩擦角 $\phi \approx 0$ 的软黏土，可用Ⅰ级土样进行无侧限抗压强度试验，代替自重压力下预固结的不固结不排水三轴剪切试验。

（3）测定滑坡带等已经存在剪切破裂面的抗剪强度时，应进行残余强度试验。测滑坡带上土的残余强度，应首先考虑采用含有滑面的土样进行滑面重合剪试验。但有时取不到这种土样，此时可用取自滑面或滑带附近的原状土样或控制含水量和密度的重塑土样做多次剪切。试验可用直剪仪，必要时可用环剪仪。在确定计算参数时，宜与现场观测反分析的成果比较后确定。

（4）当岩土工程评价有专门要求时，可进行一些非常规的特种试验，主要包括两大类：

采用接近实际的固结应力比，试验方法包括 K_0 固结不排水（CK_0U）试验，K_0 固结不排水测孔压（$\bar{C}\bar{K}_0\bar{U}$）试验和特定应力比固结不排水（CKU）试验；

考虑到沿可能破坏面的大主应力方向的变化，试验方法包括平面应变压缩（PSC）试验、平面应变拉伸（PSE）试验等。

这些试验一般用于应力状态复杂的堤坝或深挖方的稳定性分析。

4. 土的动力性质试验

当工程设计要求测定土的动力性质时，可采用动三轴试验、动单剪试验或共振柱试验。不但土的动力参数值随动应变而变化，而且不同仪器或试验方法有其应变值的有效范围。

故在选择试验方法和仪器时，应考虑动应变的范围和仪器的适用性。

动三轴和动单剪试验可用于测定土的下列动力性质：

（1）动弹性模量、动阻尼比及其与动应变的关系

用动三轴仪测定动弹性模量、动阻尼比及其与动应变的关系时，在施加动荷载前，宜在模拟原位应力条件下先使土样固结。动荷载的施加应从小应力开始，连续观测若干循环周数，然后逐渐加大动应力。

（2）既定循环周数下的动应力与动应变关系

测定既定的循环周数下轴向应力与应变关系，一般用于分析震陷和饱和砂土的液化。

（3）饱和土的液化剪应力与动应力循环周数关系

当出现下列情况之一时，可判定土样已经液化：①孔隙水压力上升，达到初始固结压力时；②轴向动应变达到 5% 时。

共振柱试验可用于测定小动应变时的动弹性模量和动阻尼比。

5. 岩石试验

（1）岩石的成分和物理性质试验可根据工程需要选定下列项目：

岩矿鉴定；颗粒密度和块体密度试验；吸水率和饱和吸水率试验；耐软化或崩解性试验；膨胀试验；冻融试验。

（2）单轴抗压强度试验应分别测定干燥和饱和状态下的强度，并提供极限抗压强度

和软化系数。岩石的弹性模量和泊松比，可根据单轴压缩变形试验测定。对各向异性明显的岩石应分别测定平行和垂直层理面的强度。

（3）岩石三轴压缩试验宜根据其应力状态选用四种围压，并提供不同围压下主应力差与轴向应变关系、不同围压下的初始模量和极限轴向主应力差、抗剪强度包络线及强度参数 c、φ 值。

（4）岩石直接剪切试验可测定岩石以及沿节理面、滑动面、断层面或岩层层面等不连续面上的抗剪强度，并提供 c、q 值和各法向应力下的剪应力与位移曲线。

（5）因为岩石对于拉伸的抗力很小，所以岩石的抗拉强度是岩石的重要特征之一。测定岩石抗拉强度的方法很多，比较常用的有劈裂法和直接拉伸法。勘察规范推荐采用劈裂法，即在试件直径方向上，施加一对线性荷载，使试件沿直径方向破坏，间接测定岩石的抗拉强度。

（6）当间接确定岩石的强度指标时，可进行点荷载试验和声波速度试验。

二、物理力学指标统计分析

1. 岩土参数可靠性和实用性评价

岩土参数的选用是岩土工程勘察评价的关键。岩土参数可分为两大类：一类是评价指标，用以评定岩土的性状，作为划分地层鉴定类别的主要依据；另一类是计算指标，用以设计岩土工程，预测岩土体在荷载和自然条件作用下的力学行为及变化趋势，指导施工与监测。对岩土参数的基本要求是可靠、适用。所谓可靠，是指参数能正确地反映岩土体在规定条件下的性状，能比较有把握地估计参数真值所在的区间；所谓适用，是指参数能满足岩土力学计算的假定条件和计算精度要求，岩土工程勘察报告应对主要参数的可靠性和适用性进行分析，在分析的基础上选定参数。

选用岩土参数，应按下列内容评价其可靠性和适用性：

（1）取样方法及其他因素对试验结果的影响。

岩土参数的可靠性和适用性，在很大程度上取决于岩土的结构受到扰动的程度。各种不同的取样器和取样方法，对结构的扰动是显著不同的。

（2）采用的试验方法和取值标准。

（3）不同测试方法所得结果的分析比较。

对于同一个物理力学性质指标，用不同测试手段获得的结果可能不相同，要在分析比较的基础上说明造成这种差异的原因，以及各种结果的适用条件。例如，土的不排水抗剪强度可以用室内 UU 试验求得，也可以用室内无侧限抗压试验求得，更可以用原位十字板剪切试验求得，不同测试手段所得的结果不同，应当进行分析比较。

（4）测试结果的离散程度。

（5）测试方法与计算模型的配套性。

2. 岩土参数统计

岩土的物理力学指标，应按工程地质单元、区段及层位分别统计。

由于土的不均匀性，对同一土层取的土样，用相同方法测定的数据通常是离散的，并以一定的规律分布。这种分布可以用一阶矩和二阶矩统计量来描述。一阶原点矩是分布平均布置的特征值，称为数学期望或平均值，表示分布的平均趋势；二阶中心矩用以表示分布离散程度的特征，称为方差。标准差是方差的平方根，与平均值的量纲相同。规范要求给出岩土参数的平均值和标准差，而不要求给出一般值、最大平均值、最小平均值一类无概率意义的指标。作为工程设计的基础，岩土工程勘察应当提供可靠性设计所必需的统计参数，并分析数据的分布情况和误差产生的原因以及说明数据的舍弃标准。

第六章 地球物理勘探

第一节 电法勘探

一、自然电场法

在电法勘探中，除广泛利用各种人工电场外，在某些情况下还可以利用由各种原因所产生的天然电场。目前我们能够观测和利用的天然电场有两类：一类是在地球表面呈区域性分布的大地电流场和大地电磁场，这是一种低频电磁场，其分布特征与较深范围内的地层结构及基底起伏有关；另一类是分布范围仅限于局部地区的自然电场，这是一种直流电场，往往和地下水的运动和岩矿的电化学活动性有关。观测和研究这种电场的分布，可解决矿勘探或水文、工程地质问题，我们把它称为自然电场法。

（一）自然电场

1. 电子导体自然电场

利用自然电场法来寻找金属矿床时，主要是基于对电子导体与围岩中离子溶液间所产生的电化学电场的观测和研究。实践表明，与金属矿有关的电化学电场通常能在地表引起几十至几百毫伏的自然电位异常。由于石墨也属于电子导体，因此，在石墨矿床或石墨化岩层上也会引起较强的自然电位异常，这对利用自然电场法来寻找金属矿床或解决某些水文、工程地质问题是尤为重要的。

自然状态下的金属矿体，当其被潜水面切割时，由于潜水面以上的围岩孔隙富含氧气，因此，这里的离子溶液具有氧化性质，所产生的电极电位使矿体带正电，围岩溶液中带负电。随深度的增加，岩石孔隙中所含氧气逐渐减少到潜水面以下时，已变成缺氧的还原环境。因此，矿体下部与围岩中离子溶液的界面上所产生的电极电位使矿体带负电，溶液中带正电。矿体上、下部位这种电极电位差随着地表水溶液中氧的不断溶入而得以长期存在，因此，自然电场通常随时间的变化很小，以至我们可以把自然电场看成一种稳定电流场。

2. 过滤电场

当地下水溶液在一定的渗透压力作用下通过多孔岩石的孔原或裂隙时，由于岩石颗粒表面对地下水中的正、负离子具有选择性的吸附作用，使其出现了正、负离子分布不均衡，因而形成了离子导电岩石的自然极化。一般情况下，含水岩层中的固体颗粒大多数具有吸附负离子的作用。这样，由于岩石颗粒表面吸附了负离子，结果在运动的地下水中集中了较多的正离子，形成了在水流方向为高电位、背水流方向为低电位的过滤电场（或渗透电场）。

在自然界中，山坡上的潜水受重力作用，从山坡向下逐渐渗透到坡底，出现了在坡顶观测到负电位，在坡底观测到正电位这样一种自然电场异常。这种条件下所产生的过滤电场也称为山地电场。

顺便指出，过滤电场的强度在很大程度上取决于地下水的埋藏深度以及水力坡度的大小。当地下水位较浅，水力坡度较大时，才会出现明显的自然电位异常。

显然，从过滤电场的形成过程可见，在利用自然电场法找矿时，过滤电场便成为一种干扰。但是在解决某些水文、工程地质问题时，如研究裂隙带及岩溶地区岩溶水的渗漏以及确定地下水与地表水的补给关系等方面，过滤电场便成了主要的观测和研究对象。

3. 扩散电场

当两种岩层中溶液的浓度不同时，其中的溶质便会由浓度大的溶液移向浓度小的溶液，从而达到浓度的平衡，这便是我们经常见到的扩散现象。显然，在这一过程中，溶质小的正、负离子也将随着溶质而移动，但由于不同离子的移动速度不同，结果使两种不同浓度的溶液分别含有过量的正离子或负离子，从而形成被称为扩散电场的电动势。

除了电化学电场、过滤电场及扩散电场外，在地表还能观测到由其他原因所产生的自然电场，如大地电流场、雷雨放电电场等，这些均为不稳定电场，在水文及工程地质调查中尚未得到实际应用。

（二）自然电场法的应用

自然电场法的野外工作需首先布设测线测网。测网比例尺应视勘探对象的大小及研究工作的详细程度而定。一般基线应平行地质对象的走向，测线应垂直地质对象的走向。野外观测分电位法及梯度法两种：电位法是观测所有测点相对于总基点（即正常场）的电位值，而梯度法则是测量测线上相邻两点间的电位差。两种方法的观测结果可绘成平面剖面图及平面等值线图。

自然电场法除了在金属矿的普查勘探中有广泛地应用外，在水文地质调查中通过对离子导电岩石过滤电场的研究，可以用来寻找含水破碎带、上升泉，了解地下水与河水的补给关系，确定水库及河床堤坝渗漏点等。此外，自然电场法还可以用来了解区域地下水的流向等。

二、激发极化法

在电法勘探的实际工作中我们发现，当采用某一电极排列向大地供入或切断电流的瞬间，在测量电极之间总能观测到电位差随时间的变化，在这种类似充、放电的过程中，由于电化学作用所引起的随时间缓慢变化的附加电场的现象称为激发极化效应（简称激电效应）。激发极化法就是以岩（矿）石激电效应的差异为基础从而达到找矿或解决某些水文地质问题的一类电探方法。由于采用直流电场或交流电场都可以研究地下介质的激电效应，因而，激发极化法又分为直流（时间域）激发极化法和交流（频率域）激发极化法。二者在基本原理方面是一致的，只是在方法技术上有较大的差异。

激发极化法近年来无论从理论上还是方法技术上均有了很大的进展，它除了被广泛地用于金属矿的普查、勘探外，在某些地区还被广泛地用于寻找地下水。该方法由于不受地形起伏和围岩电性不均匀的影响，因此在山区找水中受到了重视。

第二节　地震勘探

一、折射波法

折射波法是工程地震勘探中应用最为广泛的，也是较为成熟的方法之一。当下层介质的速度大于上层介质时，以临界角入射的地震波沿下层介质的界面滑行，同时在上层介质中产生折射波。根据折射波资料可以可靠地确定基岩上覆盖层的厚度和速度，根据每层速度值判断地层岩性、压实程度、含水情况及地下潜水界面等。用折射波法可获得基岩面深度，这个深度是指新鲜基岩界面的埋深。当基岩上部风化裂隙发育或风化层较厚时，新鲜基岩面给出了硬质稳定的地下岩层，从而可以减少工程带来危险性的机会。另外，还可由界面速度值确定地层岩性。利用折射波法可以准确地勾画出低速带，指示出断层、破碎带、岩性接触带等。

（一）折射波法观测系统

根据不同的工作内容，可选择不同类型的测线。当激发点和接收点在一条直线上时，称之为纵测线；当激发点和接收点不在一条直线上时，则称为非纵测线。在非纵测线中，根据各种不同的排列关系和相对位置又可分为横测线、弧形测线等。

在工作中，纵测线是主要测线，而非纵测线一般只作为辅助测线来布置，它可以在某些特定情况下解决一些特殊问题（如探测古河床、断裂带等），以弥补纵测线的不足。

用纵测线观测时，根据测线间不同的组合关系可分为单支时距曲线观测系统、相遇时距曲线观测系统、多重相遇时距曲线观测系统以及追逐时距曲线观测系统等。时距曲线观测系统则是根据地震波的时距曲线分布特征所设计的观测系统。在各种时距曲线观测系统中，以相遇时距曲线观测系统使用最为广泛。

（二）折射波资料的处理解释

这里所讨论折射波资料的处理和解释是对初至折射波而言的。因此，首先必须对地震记录进行波的对比分析,从中识别并提取有效波的初至时间和绘制相应的时距曲线。

解释工作可分为定性解释和定量解释两个部分。定性解释主要是根据已知的地质情况和时距曲线特征,判别地下折射界面的数量及其大致的产状,是否有断层或其他局部性地质体的存在等,给选择定量解释方法提供依据。定量解释则是根据定性解释的结果,选用相应的数学方法或作图方法求取各折射界面的埋深和形态参数。有时为了得到精确的解释结果,需要反复多次地进行定性和定量解释。然后可根据解释结果构制推断地质图等成果图件,并编写成果报告。

二、反射波法

反射波法是在工程地震勘探中广泛应用的方法。在各种有弹性差异的分界面上都会产生反射波,反射波法主要用于探测断层,确定层状大地层速度、层厚度等。

（一）反射波法观测系统

在浅层反射波法现场数据采集中,为了压制干扰波和突出有效波,也可根据不同情况选择不同的观测系统,而使用最多的是宽角范围观测系统和多次覆盖观测系统。宽角范围观测系统是将接收点布置在临界点附近的范围进行观测,因为此范围内反射波的能量比较强,并且可避开声波与面波的干扰,尤其对“弱”反射界面其优越性更为明显。在实际工作中,往往将宽角范围观测系统和多次覆盖观测系统结合使用,以取得好的采集效果。关于临界点附近宽角观测的最佳范围,通常可通过现场试验来确定。

多次覆盖观测系统是根据水平叠加技术的要求而设计的,为此先介绍一下水平叠加的概念。它就是把不同激发点、不同接收点上接收到的来自同一反射点的地震记录进行叠加,这样可以压制多次波和各种随机干扰波,从而大大地提高了信噪比和地震剖面的质量,并且可以提取速度等重要参数。多次覆盖观测系统是目前地震反射波法中使用最广泛的观测系统。

具体做法是选定偏移距和检波距之后,每激发一次,激发点和整个排列都同时向前移动一个距离,直至测完全部剖面。为了容易在观测系统上找出共中心点道集的位置,目前常用综合平面法来表示多次覆盖的观测系统。

（二）反射波资料处理及解释

目前,浅层反射波法现场采集的资料通常都是用多次覆盖观测系统得到的共激发点地震记录,其中除了有效波外还常伴随有各种干扰波,无法进行直接的地质解释。因此必须对这些资料进行滤波、校正、叠加等一系列的处理,得出可靠的反射波地震剖面后,才能做进一步的地质解释。反射波资料处理系统就是在此基础上设计的。

1. 反射波的资料处理系统

随着微机技术的应用和发展,国内外的一些部门和单位结合浅层反射波的特点先后开发出反射处理系统,并已广泛地应用于生产实践,取得了较好的经济效益。

2. 反射波法资料解释

野外采集的地震资料，经过处理之后，得到的主要成果资料是经过水平叠加（或偏移）的时间剖面。因此，它们是反射波资料进行地质解释的基础。在一般情况下，通过时间剖面上波的对比，可以确定反射层的构造形态、接触关系以及断层分布等情况。但是，这种地质解释的准确程度往往受到多种因素的影响。首先是资料采集和数据处理的质量，有较高的信噪比和分辨率的时间剖面是确保解释质量的基本条件。在采集或处理中，若方法或参数选择不当，也会影响地震剖面的质量甚至造成假象，影响解释工作的准确性。另外，地震剖面的解释还受其分辨率的限制。

每个 CDP 点记录道的振动图形均采用波形线和变面积的显示法来表示（使波形正半周部分呈黑色），这样既能显示波形特征，又能更醒目地表示出强弱不同的波动景观，便于波形的对比和同相轴追踪。

由于反射界面总有一定的稳定延续范围，来自同一反射界面的反射波形态也有相应的稳定性，因而在时间剖面中形成延续一定长度的清晰同相轴。又因为地震波的双程旅行时间大致和界面的法线深度成正比，因此，可以根据同相轴的变化定性地了解岩层起伏及地质构造等概况。但是，时间剖面不是反射界面的深度剖面，更不是地质剖面，必须经过一定的时间深度转换处理，才能进行定量的地质解释。

在时间剖面上一般反射层位表现为同相轴的形式。在地震记录上相同相位的连线叫作同相轴。所以在时间剖面上反射波的追踪实际上就变为同相轴的对比。我们可以根据反射波的走时及波形相似的特点来识别和追踪同一界面的反射波。

它主要是从波的强度幅频特性、波形相似性和同相性等标志对波进行对比。这些标志并不是彼此孤立的也不是一成不变的。反射波的波形、振幅、相位与许多因素有关，一般来说激发、接收等受地表条件的影响，会使同相轴从浅到深发生相似的变化，而与深部地震地质条件变化有关的影响，则往往只使一个或几个同相轴发生变化。所以在波的对比中要善于分析研究各种影响因素，弄清同相轴变化的原因，并严格区分是地质因素还是地表等其他因素。

另外在时间剖面的识别中，除了规则界面的反射波外，还应该对多次波、绕射波、断面波等一些特殊波的特征有足够的认识，只有这样才能进行正确的地质解释。

3. 时间剖面的地质解释

结合已知地层情况和钻孔资料，在时间剖面上找出特征明显、易于连续追踪且具有地质意义的反射波同相轴，作为全区解释中进行对比的标准层。在没有标准层的地段，则可将相邻有关地段的构造特征作为参考来控制解释。

断层带的同相轴变化特征主要包括：反射波同相轴错位；反射波同相轴突然增减或消失；反射波同相轴产状突变，反射零乱或出现空白带；标准反射波同相轴发生分叉、合并、扭曲、强相位转换；等等。以上特点是识别断层的重要标志，而且还常常伴有绕射波、断面波等出现。在断层特征明显和绕射波、断面波清晰时，还可以从时间剖面上确定出断面的产状要素。

沉积岩层中的不整合面往往是侵蚀面，其波阻抗变化较大，故反射波的波形和振幅也有较大的变化。特别是角度不整合，时间剖面常出现多组视速度有明显差异的反射波组，沿水平方向有逐渐合并和歼灭的趋势。

此外，当地震地质条件比较复杂，或处理过程中方法、参数选择不当时，将会使时间剖面上的同相轴发生变化，甚至造成假象，出现假构造，做出错误的解释。在工作中必须注意避免这种情况的发生。

第三节　声波探测

声波探测是通过探测声波在岩体内的传播特征来研究岩体性质和完整性的一种物探方法。和地震勘探相类似，声波探测也是以弹性波理论为基础的。两者主要的区别在于工作频率范围的不同，声波探测所采用的信号频率要大大地高于地震波的频率，因此有较高的分辨率。但在另一方面，由于声源激发一般能量不大，且岩石对其吸收作用大，因此传播距离较小，一般只适用于在小范围内对岩体等地质现象进行较细致的研究。因为它具有简便快速和对岩石无破坏作用等优点，目前已成为工程与环境检测中不可缺少的手段之一。

岩体声波探测可分为主动式和被动式两种工作方法。主动式测试的声波是由声波仪的发射系统或锤击等声源激发的；被动式的声波是出于岩体遭受自然界或其他作用力时，在形变或破坏过程中自身产生的，因此两种探测的应用范围也不相同。

目前声波探测主要应用于下列几个方面：

1. 根据波速等声学参数的变化规律进行工程岩体的地质分类。

2. 根据波速随应力状态的变化，圈定开挖造成的围岩松弛带，为确定合理的衬砌厚度和锚杆长度提供依据。

3. 测定岩体或岩石试样的力学参数，如弹性模量、剪切模量和泊松比等。

4. 利用声速及声幅在岩体内的变化规律进行工程岩体边坡或地下硐室围岩稳定性的评价。

5. 探测断层、溶洞的位置及规模。

6. 研究岩体风化壳的分布。

7. 工程灌浆后的质量检查。

8. 天然地震及地压等灾害的预报。

研究和解决上述问题，为工程项目及时而准确地提供了设计和施工所需的资料，对于缩短工期、降低造价、提高安全度等都有着重要的意义。

一、原理

如前所述，声波探测和地震勘探的原理十分类似，也是以研究弹性波在岩土介质中的传播特征为基础。声波在不同类型的介质中具有不同的传播特征。当岩土介质的成分、结构和密度等因素发生变化时，声波的传播速度、能量衰减及频谱成分等亦将发生相应变化，在弹性性质不同的介质分界面上还会发生波的反射和折射。因此，用声波仪器探测声波在岩土介质中的传播速度、振幅及频谱特征等，便可推断被测岩土介质的结构和致密完整程度，从而对其做出评价。

此外，根据声波振幅的变化和对声波信号的频谱分析，还可了解岩体对声波能量的吸收特性等，从而对岩体做出评价。

二、声波仪器

声波仪器主要由发射系统和接收系统两个部分组成。发射系统包括发射机和发射换能器；接收系统由接收机、接收换能器以及用于数据记录和处理用的微机组成。

发射机是一种声源讯号发生器。其主要部件为振荡器，由它产生一定频率的电脉冲，经放大后由发射换能器转换成声波，并向岩体辐射。

电声换能器是一种实现声能和电能相互转换的装置。其主要元件是压电晶体。压电晶体具有独特的压电效应，将一定频率的电脉冲加到发射换能器的压电晶片时，晶片就会在其法向或径向产生机械振动，从而产生声波，并向介质中传播。晶片的机械振动与电脉冲是可逆的。接收换能器接收岩体中传来的声波，使压电晶体发生振动，从而在其表面产生一定频率的电脉冲，并送到接收机内。

根据测试对象和工作方式的不同，电声换能器也有多种型号和式样，如喇叭式、增压式、弯曲型、测井换能器和检波换能器等。

接收机可以将接收换能器接收到的电脉冲进行放大，并将声波波形显示在荧光屏上，通过调整游标电位器，可在数码显示器上显示波至时间。若将接收机与微机连接，则可对声波讯号进行数字处理，如频谱分析、滤波、初至切除、计算功率谱等，并可通过打印机输出原始记录和成果图件。

三、工作方法

岩体声波探测的现场工作，应根据测试的目的和要求，合理地布置测网，确定装置距离，选择测试的参数和工作方法。

测网的布置应选择有代表性的地段，力求以最少的工作量解决较多的地质问题。测点或观测孔一般应布置在岩性均匀、表面光洁且无局部节理、裂隙的地方，以避免介质不均匀对声波的干扰。装置的距离要根据介质的情况、仪器的性能以及接收的波形特点等条件而定。

由于纵波较易识读，因此当前主要是利用纵波进行波速的测定。在测试中，最常用的是直达波法(直透法)和单孔初至折射波法(一发二收或二发四收)。反射波法目前仅用于井中的超声电视测井和水上的水声勘探。

第四节　层析成像

一、弹性波层析成像

弹性波层析成像技术是一种较新的物探方法，通过弹性波在不同介质中传播的若干射线束，在探测范围内部构成切面，根据切面上每条穿过探测区的地震波初至信号的射线物性参数的变化，在计算机上通过不同的数学处理方法重建图像，结合其物理力学性质的相关分析，采用射线走时和振幅来重建介质内部声速值及衰减系数的场分布，并通过像素、色谱、立体网格的综合展示，直观反映岩土体及混凝土结构物的内部结构。弹性波层析成像除了主要用于岩土体及混凝土结构物的无损检测领域，还广泛应用于矿产勘探和环境工程地质勘探。

(一)弹性波层析成像原理

弹性波层析成像技术是利用某一探测系统，通过弹性波在不同介质中传播的若干射线束，在探测范围内部构成切面，根据切面上每条穿过探测区的地震波初至信号的射线物性参数的变化，在计算机上通过数学处理进行图像重建。这种重建探测区内波速度场的分布，可确定介质内部异常体的位置，重现物体内部物性或状态参数的分布图像，从而对被测物体进行分类和质量评价。

(二)声波层析成像的工作方法

弹性波检测最常用的发射波是声波和地震波，而声波检测是工程物探的重要手段之一，这里主要对声波层析成像方法进行介绍。声波层析成像技术是利用声波穿透被检测体并获取声波接收时间，经过计算机反演成像，呈现被检测体各微小单元的声波速度分布图像，进而判断检测体的质量。这种方法具有精度高、异常点位置定位准确的特点。

声波探测的基本方法，目前常用的方法有以下几种，下面分别介绍各种方法的特点、适用条件及应用范围。

1. 透射波法

透射波法是一种简单而效果较好的探测方法。采用透射波法发射，接收换能器机电相互转换效率高，因而在混凝土中的穿透能力相对较强，传播距离相对较长，可以扩大探测范围。

透射波法获得的波形单纯、清楚、干扰较小，初至清晰，各类波形易于辨认。透射波法要求发射探头和接收探头之间的距离必须能够准确测量，否则计算出来的误差值较大,反而会影响测量的精度。

2. 反射波法

声波在岩土体中传播时,遇到波阻抗面时,都将发生反射和透射现象,当几个波阻抗面同时存在时，则在每个界面上都将发生反射和透射。这样在岩土体表面就可以观测到一系列依次到达的反射波。反射波分辨率最好的位置是在发射探头附近，发射点接收探头距离过大,则往往使之浅层反射波振动,严重干扰下层的反射波,这时的波形图将是复杂而无法分辨的。

由于工程结构的特殊性，很多工程只有一个工作面，无法利用对穿法或透射法进行检测，而反射波法正好弥补了这一缺陷。这时，弹性波的反射和接收都在一个工作表面上，因此，该法已成为工程结构混凝土检测（如低应变动力检测混凝土灌注桩）的重要方法。

3. 折射波法

当混凝土受到激发时产生的弹性波，在混凝土内部传播中遇到下伏混凝土的声速大于正在传播的介质速度时，则将产生全反射现象。这时，在混凝土表面上可接收到沿着高速层界面滑行来的折射波，根据模型试验和理论研究证实，折射波在两种介质速度差不超过 5%~10% 时，可以得到最大的强度。应用折射波的测试方法有单孔一发两收法、单孔两发四收法等。

钻孔声波测试作为工程物探常用方法之一，已广泛应用于工程勘察及现场检测工作中。施测过程是利用发射换能器发射的超声波，通过井液向周围传播，在孔壁岩体将产生透射、反射、折射，其折射波以岩体波速沿孔壁滑行。这样，两个接收换能器就接收到了沿孔壁滑行的折射波。

二、电磁波层析成像

电磁波层析成像（EMT）称为无线电波透视法。这种方法来源于医学中常用的 CT 技术，即所谓的计算机层析成像技术。它属于投影重建图像的应用技术之一，其数学理论基于 Radon 变换与 Radon 逆变换，即根据物体外部的测量数据，依照一定的物理和数学关系反演物体内部物理量的分布,并由计算机以图像形式显示高新技术。

相对而言，电磁波在地质层析中的应用并没有地震波那么广泛，这与电磁波的特性有关，它主要受以下因素影响：首先，电磁波在地层介质中衰减较快，可探测的间距相对较小；其次，电磁波传播速度比声波更快，使得准确测量电磁波走时难以实现；最后，地层中电性参数与岩性间关系复杂，增加了解释的难度。尽管如此，电磁层析成像技术也有其独特的优势和作用：首先，电磁波分辨率较高；其次，因为地层中流体与电磁波的密切关系，在解决相关问题时电磁波层析成像有着显著的价值。

（一）理论基础

电磁波层析成像按工作方式可以分为电磁波走时层析成像技术、电磁波衰减系数层析成像技术和电磁波相位层析成像技术 3 种。目前，国内电磁波层析成像技术研究主要集中在电磁波走时层析成像和电磁波衰减系数层析成像两种技术方法上，研究成果相对较丰富，而在电磁波相位层析成像技术方面研究比较薄弱。下面分别简述这 3 种电磁波层析成像技术的方法、原理。

1. 电磁波走时层析成像技术

电磁波走时层析成像技术，是根据电磁波的走时来反演被测物体内部的电磁波慢度分布的技术方法。数学上可以把其视为平面上一个函数沿射线的积分，这里的函数即为慢度函数，其相应的层析成像基础为 Radon 变换与 Radon 逆变换。该方法最早由澳大利亚数学家 J.Radon 在 1917 年提出。

电磁波走时层析成像技术与声波层析成像技术的原理相似，观测数据是波的走时，反演成像参数是波的慢度（慢度是速度的倒数），成像公式为慢度函数沿射线的积分公式。电磁波走时层析成像技术与声波层析成像技术不同点在于电磁波在介质中的传播速度比声波快。另外，电磁波速度与岩性的函数关系比声波速度和岩性的函数关系更复杂，甚至电磁波速度与岩层中的流体关系更密切。

电磁波走时层析成像技术的正演方法有两种：一种是基于射线理论（raytheory）的层析成像正演方法，它忽略电磁波的波动学特征，把电磁波在介质中近似地看作直线传播，在射线路径上将旅行时反投影；另一种是基于散射理论的层析成像正演方法，其比起射线理论在电磁波频域上的高频近似，考虑了电磁波更大的频域范围。基于射线理论的层析成像正演方法在算法上已相当成熟，一般在应用中多把电磁波在介质中近似地看作直线传播。

2. 电磁波衰减系数层析成像技术

与电磁波走时层析成像相同，电磁波衰减系数层析成像的数学基础也是 Radon 变换与 Radon 逆变换，只是这时待积函数从电磁波慢度函数变成了电磁波衰减函数，观测数据也从电磁波的旅行时变成了电场波的场强。

电磁波衰减系数层析成像的物理基础是：岩层中的不同介质（如不同岩体、破碎带、矿体等）的电磁波衰减系数不同。当电磁波在穿过待测岩层时，不同介质对电磁波的衰减作用就不一样，因此，根据观测到的电磁场强度，就可以求解介质内部的衰减系数，从而根据衰减系数来判断目标地质体的结构与形状。

（二）电磁层析成像的工作方式

电磁层析成像的工作方式一般分为定点发射、定点接收、同步扫描和单孔测井。

所谓定点发射工作方式就是发射机在某个深度固定，在另一钻孔中的接收机上、下移动检测发射机传来的信号。定点接收则与上述相反，发射机移动发射，接收机固定检测。同步扫描工作方式是将发射机和接收机在两个钻孔中保持同步移动，高差为零时是水平同步，高差不为零时是斜同步。在实际观测中，要遵循均匀性原则，即对观测区域的扫描要尽可能地均匀。因为能采集到的数据有限，往往使得反演中用到的矩阵方程组为欠定型，而欠定型矩阵数据又会使得重建的图像质量变差，所以一般采用增加覆盖次数（包括交换发射孔与接收孔来增加覆盖次数）和加密测点间距等措施增加数据量的办法来提高成像质量；而且由于大多数电磁层析成像在应用时都是横向探测，这样就缺失了垂直方向的投影数据，导致水平分辨率的降低，在探测区域的上、下两侧有可能出现虚假异常，因此，在进行CT图像的地质推断解释时只有综合判断才能得出正确的结论。

第七章 岩土工程设计

第一节 概述

一、岩土工程设计

它是在岩土工程勘察活动完成后，根据甲方的施工要求以及场地的地质、环境特征和岩土工程条件，所进行的桩基工程，地基工程，边坡工程，基坑工程等岩土工程施工范畴的方案设计与施工图设计。

二、基本内容

岩土工程设计软件

桩基工程：包含桩的设计。包括桩的类型、选型与布置；单桩群桩承载力计算、沉降计算、配筋、施工以及桩检测与验收等。

地基工程：运用各种地基处理技术进行地基方案设计。包括换填垫层法、预压法、振冲法、砂石桩法、强夯法和强夯置换法、深层搅拌法、高压喷射注浆法、锚杆静压桩托换法等。

边坡工程：包含边坡设计与防护，路坡设计，水利堤防设计，土石坝设计等。

基坑工程：包含基坑工程、地下工程、地下水控制。包括挡土、支护、岩土体应力、应变原位测试、集水明排、截水与回灌等。

其他：包括隧道及地下工程，地震工程，爆破工程等。

三、桩基工程

1. 桩基施工工程

桩基由桩和桩承台组成（见桩基础）。桩的施工法分为预制桩和灌注桩两大类。打桩方法的选定，除了考虑工程地质条件外，还要考虑桩的类型、断面、长度、场地环境及设计要求。中国古代已有用石器夯打木桩施工。其后桩长、桩径加大，石器逐渐被拉动铸铁的落锤取代。

（1）施工定类

17 世纪 80 年代始有蒸汽锤问世。至 19 世纪 30 年代已应用导杆式柴油锤。随着建筑工业的发展，为了适应大型桩基工程的需要，桩基础施工技术既要增加锤重和改进起重、吊装操作工艺，又要减少震动噪声和对环境的污染。有的预制桩的施工以钻孔取土后沉桩的钻打（或钻压）结合工艺，取代原来单纯锤击挤土或压入挤土等方法。同时能量大、无公害的冲击体重达60多吨的液压锤、125吨蒸汽锤和15吨柴油锤都已得到应用。灌注桩施工亦由原来泥浆护壁、套管成孔进展到无噪声、不排污、不挤土的全套管施工。

（2）施工方法

预制桩的施工方法有：锤击法、振动法、压入法和射水法。

1）锤击法

它是桩基施工中采用最广泛的一种沉桩方法。以锤的冲击能量克服土对桩的阻力，使桩沉到预定深度。一般适用于硬塑、软塑黏性土。用于砂土或碎石土有困难时，可辅以钻孔法及水冲法。常用桩锤有蒸汽锤、柴油锤（见打桩机）。

2）振动法

振动法沉桩是以大功率的电动激振器产生频率为700-900次/分钟的振动，克服土对桩的阻力，使桩沉入土中。一般适用于砂土中沉入钢板桩，亦可辅以水冲法沉入预制钢筋混凝土管桩。用于振动沉桩的振动机的常用规格为20吨及40吨。目前，使用高频率达10000次/分钟的沉桩机头，震动与噪声小、沉桩速度快（见振动沉桩机）。

3）压入法

压入法沉桩具有无噪声、无震动、成本低等优点，常用压桩机有80吨及120吨两种。压桩需借助设备自重及配重，经过传动机构加压把桩压入土中，故仅用于软土地基。

4）射水法

它是锤击、振动两种沉桩方法的辅助方法。施工时利用高压水泵，产生高速射流，破坏或减小土的阻力，使锤击或振动更易将桩沉入土中。射水法多适用于砂土或碎石土中，使用时需控制水冲深度。

（3）施工工序

灌注桩的施工主要工序是成孔及灌注混凝土。成孔可分为套管成孔、干作业成孔、泥浆护壁成孔及爆扩成孔四类。

1）套管成孔灌注桩

将带有钢筋混凝土预制桩尖或活瓣桩尖的套管用锤击法或振动法沉入土中挤土成孔。在管中灌注混凝土后，边振动边将套管拔出，同时混凝土得到振实，在土中成圆柱桩体。套管成孔灌注桩适用于软土地基，不受地下水位影响。由于套管灌注桩在淤泥中成孔，有时会出现缩颈和断裂，因此，施工时要严格掌握操作顺序、灌注混凝土量和拔管时间，必要时可二次沉管、复打予以补救。

2）干作业成孔灌注桩

用螺旋钻成孔，不需泥浆护壁，孔壁自立，孔径不变。经清底放入钢筋骨架后灌注混凝土，用混凝土振捣器振实。适用于地下水位以上、土质较好的黏性土及砂土。钻孔产生的震动与噪声较小。

3）泥浆护壁成孔灌注桩

以钻（冲）机切削土体，排土成孔。灌入泥浆，泥浆稠度可根据土层情况确定。其作用是稳定孔壁、维持孔径。经清除底部石渣后用“导管法”灌注水下混凝土。按不同土层选用冲击钻机或旋转钻机可穿过砂土层，碎石土层，并可钻入基岩。建筑上常用的灌注桩直径为600-1500毫米。遇软土层使用潜水钻成孔。

4）爆扩成孔灌注桩

先用机械成孔，然后在孔底以炸药爆扩形成大头，再灌注混凝土而成。它适用于地下水位以上的黏性土、黄土及碎石土，具有施工简单、成本低、承载力高等特点。但由于爆扩桩的检验较为困难，故施工时应加强质量管理。桩的长度不宜大于10米。

（4）工程介绍

基础标准

各建设、设计、施工、监理企业，外地进驻企业，局属各有关单位：

随着龙口市城市化建设步伐的不断加快，高层、小高层建筑不断增多，桩基施工得到广泛应用，许多外地桩基施工企业纷纷涌入我市。为维护我市建筑市场秩序，规范建筑工程桩基施工企业行为，确保桩基工程施工质量安全，按照国家法律、法规的有关规定，结合我市实际，现作如下要求：

2. 桩基施工

（1）工程建设单位

可将桩基工程发包给进行主体施工的房屋建筑施工总承包企业；也可将桩基工程发包给与工程规模相适应的地基与基础工程专业承包企业，并与桩基施工企业签订规范的施工合同。如桩基工程单独发包给外地桩基企业时，建设单位必须督促其到市建设局建管处办理进驻登记手续。

（2）施工总承包企业

有桩基施工能力的，要尽量自行组织桩基施工；无桩基施工能力的，需经建设单位同意后，聘请具有施工资质和桩基施工能力的专业承包企业施工，在确定其已办理了进驻登记手续后，方可组织施工，未办理进驻登记手续的，不得进行桩基工程施工，擅自施工的，桩基工程出现质量安全问题，施工总承包企业负连带责任。

（3）监理单位

应当拒绝为不具备开工条件的桩基工程实施监理。建设、施工单位强行组织施工的，监理单位应立即下达停工通知，并通过书面分别报市建设局建管处、质监站、招标办。

（4）本市设计单位及图审机构

遇桩基施工的建设工程，要立即上报设计科，设计科应及时告知市企业服务大厅建设局窗口，由建设局窗口牵头并通知市建设局建管处、质监站、招标办等部门，为下一步工作开展打下基础。

(5)市企业服务大厅建设局窗口

预带有桩基施工的建设工程办理相关手续时，应先审查桩基施工合同和外地桩基企业进驻登记手续，再为其办理其他手续。

(6)市建设局开发办

监督开发建设单位，预带有桩基施工的工程，必须选择符合进驻标准的外地桩基企业组织施工，否则给予该开发建设单位降低信用等级或资质等级处理。

(7)市建设局招标办

遇有桩基工程发包时，外地桩基企业需办理进驻登记证手续后，方可参与投标。含桩基工程的建筑工程发包时，若施工总承包单位拟中标后将桩基工程进行分包的，必须在施工总承包合同中约定桩基施工分包单位（若分包单位为外地企业，应符合进驻登记条件，并办理进驻登记手续），方可进行合同备案。

(8)市建设局质监站

抓好桩基施工质量监督管理，及时通知建筑工程质量检测部门，对未办理进驻登记备案手续的外地桩基施工企业，不予进行相关材料检测。

(9)市建设局建管处

要严把进驻桩基企业审查关，按照《关于进一步加强外地进驻建筑施工企业管理的通知》（龙建字 [2009]124 号文）的要求，严格审查，并到施工现场核对外地进驻人员人证是否相符，以确保桩基工程质量安全。

(10)自本通知发布之日起，如果正在施工桩基工程的外地进驻企业，达到进驻标准的企业，必须在一个月内，按要求办理进驻登记手续；达不到进驻标准的企业，暂不用办理进驻登记手续，允许其将所承揽的工程继续施工完毕，但今后不得再承揽新的工程。桩基工程未开工的，外地桩基企业必须先办理进驻登记手续，否则不得开工建设。

3. 相关术语

(1)土工合成材料地基（Geosynthetics foundation）

在土工合成材料上填以土（砂土料）构成建筑物的地基，土工合成材料可以是单层，也可以是多层。一般为浅层地基。

(2)重锤夯实地基（Heavy hammer rammed foundation）

利用重锤自由下落时的冲击能来夯实浅层填土地基，使表面形成一层较为均匀的硬层来承受上部载荷。强夯的锤击与落距要远大于重锤夯实地基。

(3)强夯地基（Dynamic compaction foundation）

工艺与重锤夯实地基类同，但锤重与落距要远大于重锤夯实地基。

(4)注浆地基（Grouting foundation）

将配置好的化学浆液或水泥浆液，通过导管注入土体孔隙中，与土体结合，发生物化反应，从而提高土体强度，减小其压缩性和渗透性。

（5）预压地基（Preloaded foundation）

在原状土上加载，使土中水排出，以实现土的预先固结，减少建筑物地基后期沉降和提高地基承载力。按加载方法的不同，分为堆载预压、真空预压、降水预压三种不同方法的预压地基。

（6）高压喷射注浆地基（High pressure jet grouting foundation）

利用钻机把带有喷嘴的注浆管钻至土层的预定位置或先钻孔后将注浆管放至预定位置，以高压使浆液或水从喷嘴中射出，边旋转边喷射的浆液，使土体与浆液搅拌混合形成固结体。施工采用单独喷出水泥浆的工艺，称为单管法；施工采用同时喷出高压空气与水泥浆的工艺，称为二管法；施工采用同时喷出高压水、高压空气及水泥浆的工艺，称为三管法。

（7）水泥土搅拌桩地基（Cement soil mixing pile foundation）

它是利用水泥作为固化剂，通过搅拌机械将其与地基土强制搅拌，硬化后构成的地基。

（8）土与灰土挤密桩地基（Soil and lime-soil compaction pile foundation）

在原土中成孔后分层填以素土或灰土，并夯实，使填土压密；同时挤密周围土体，构成坚实的地基。

（9）水泥粉煤灰、碎石桩（Cement fly ash）

用长螺旋钻机钻孔或沉管桩机成孔后，将水泥、粉煤灰及碎石混合搅拌后，泵压或经下料斗投入孔内，构成密实的桩体。

（10）锚杆静压桩（Anchor static pile）

它是利用锚杆将桩分节压入土层中的沉桩工艺。锚杆可用垂直土锚或临时土锚在混凝土底板、承台中的地锚。

第二节　桩设计

一、钻孔咬合桩设计与施工

钻孔咬合桩作为一种新型的围护结构，虽然其桩心相交咬合，解决了传统桩心相切桩防水效果差的毛病，但给施工带来了困难。我们在深圳地铁金益区间采用套管磨桩机切割咬合工艺解决了这一难题。套管切割咬合成桩工艺具有以下优点：①桩心咬合，防水效果好；②成孔垂直精度高；③套管护壁，干孔作业，无塌孔，无泥浆，无冲击，无振动，无噪声，对周围环境影响小，利于文明施工。

本区间隧道为明挖法施工，基坑围护结构在冠梁顶以上为土钉墙，以下采用Ø1000 mm钻孔咬合桩，钢筋混凝土桩（B桩，C25，桩长21 m，574根）与素混凝土桩（A桩，

C15,桩长18m,579根)间隔布置。

因该工程地层含6-8 m砂层,地下水位高,采用普通钻机(旋转或冲击钻机)钻孔易造成坍孔、难形成咬合面,垂直度也难保证,因此,决定采用液压摆动挤压式全套管成桩机施工。成孔以套管正反扭动、加压下切、管内抓斗取土(若遇大块石可用十字冲击锤冲砸击碎)等作业,使护壁套管压入设计深度,形成全套管护壁成孔,然后下钢筋笼,灌注混凝土。钢护筒在混凝土灌注后拔出。

咬合桩分素混凝土桩A桩和钢筋混凝土桩B桩,施工顺序是先施工A桩,B桩施工在后,切割A桩部分混凝土而形成咬合结构。施工要点如下:

(1)作混凝土导墙,保证咬合桩准确定位,确保钻机平稳,承受施工荷载。

(2)开钻,吊放第1节套管,控制套管的垂直度,采用测斜仪附贴在套管外壁进行垂直度检测,发现偏差及时纠正。成孔后套管随混凝土灌注逐段拔起。

混凝土灌注,在B桩施工中由于必须切割A桩,在A桩混凝土未达到某种强度的状态下,因而套管钻机的磨动和下切对A桩混凝土会产生损害。为此,采用延缓A桩混凝土的初凝时间,在A桩混凝土处于未初凝的状态下施作B桩的施工方案。据试验,掺SP型缓凝减水剂后,混凝土的初凝时间可延缓到60h左右(根据施工设备情况及施工速度确定),从而确保施工方案可操作性的实施。混凝土采用导管法灌注,若孔底渗水多,涌水量超过1立方米/小时,采用水下混凝土灌注。

二、湿陷性黄土地区高层框-筒地基处理方案设计及DDC桩设计注意事项

日前在进行某湿陷性黄土地区高层框-筒地基处理方案设计时遇到了一些问题,在一开始设计DDC桩的时候,只是简单的按照层数(20层/-2层)进行了荷载的计算(F=22*15+25*1=355 kPa),然后依此设计DDC桩,得出DDC桩的桩径、间距、桩长。

错误的根源:没有意识到桩筒结构核心筒下方筏板需要加厚,不能仅按照20层、每层50mm来结算,这样算下来取整个筏板一样厚,厚度为1 m,这是错误的。核心筒往往荷载较大,板厚由冲切控制,应按照地基规范8.4.8条和8.4.9条分别验算冲切承载力和剪切承载力。而且,通过改变核心筒区域加厚的子筏板挑出核心筒墙体外边缘的长度,可以改变地基反力,而不同的地基反力必然导致不同的DDC布置方案。所以,地基处理方案的前提是,在结构模型已经调整完成的情况下,首先进行基础方案的设计,然后依据确定的基础方案决定地基处理的要求。

在进行核心筒冲切验算和剪切验算的时候,发现核心筒下方筏板厚度由冲切控制,至少需要2m厚;假定其余的筏板按1m厚考虑,则验算核心筒筏板变截面处冲切承载力时得出至少需要挑出2.5 m。这样就得出了核心筒筏板下方的地基反力约为460 kPa左右。

由此值,控制地基处理完成后的复合地基承载力为450 kPa左右,加上考虑埋深修正

可以满足荷载要求。这样就可以设计 DDC 桩了。同时因为核心筒下方的子筏板厚度已定，DDC 桩顶的确切标高也能推算出来了。

DDC 桩设计注意事项

1.DDC 桩

可以处理湿陷性黄土，同时又能提高地基承载力。因此适用于既需要处理湿陷性，又需要提高承载力的情况。当仅需要提高地基承载力的时候，可以采用 CFG 或灌注桩；如仅需处理湿陷性，则可以采用 DDC 素土的方案。当然也可以考虑 DDC 素土处理湿陷性、CFG 或灌注桩提高承载力的方案；或者不处理湿陷性，直接采用灌注桩方案。

2. 应验算地基变形

当荷载较大且湿陷性土层深度较浅的时候，DDC 桩长不是由湿陷性控制的，而是由地基变形控制的。

3. 应验算下卧层（这条好像比较容易满足）

4.DDC 的设计依据

目前有陕西省的地标 DBJ 61-2-2006（J 10788-2006）《挤密桩法处理地基技术规程》以及 CECS 197：2006《孔内深层强夯法技术规程两本》。（JGJ79-2002《建筑地基处理技术规范》上也有关于挤密法的章节，但主要内容和挤密法规程相同）但后一本规范涉及专利的问题，使用时需得到专利人的许可。两本规范差别很多，主要有：

a) 挤密法规程 3.4.2 条规定，桩体承载力特征值 f pk，对土桩不宜大于 250 kPa，对灰土桩等桩体取值不宜大于 500 kPa；桩间土承载力特征值 Fisk 宜取原天然地基承载力特征值。而 DDC 规程则规定 Fisk，当场地土质为黄土、非饱和性粉土和砂土时，宜按 1.5-2.5 倍天然地基承载力特征值取值。规定的差别可能是源于挤密法和 DDC 法夯锤的重量不同所致，DDC 往往采用较重的夯锤，因此参数取值比挤密法高。

b) 挤密法规程 3.4.2 条规定：未经试验确定的灰土等挤密桩复合地基的承载力特征值，不宜大于处理前天然地基的 2 倍，并不宜大于 250 kPa；素土挤密桩复合地基的承载力特征值，不宜大于处理前天然地基的 1.4 倍，并不宜大于 180 kPa。取值要比 DDC 规程保守很多。推测原因也是由于两种处理方法的施工方法不同所致。

c)DDC 规程的问题：Ⅰ未明确 f pk 的取值，根据地基处理规范的公式，f pk=Ra/AP，这里 Ra 为单桩竖向承载力特征值。（要注意的是，地基处理中使用的都是侧阻力、端阻力特征值，而桩基规范中使用的是极限侧阻力、端阻力标准值，标准值约为特征值的 2 倍；此外 Ra 的计算也有区别）

Ⅱ .DDC 规程 4.2.1 条还要求 Ra≥Bk，这是地基处理规范所没有的。此外，4.2.2 条提出了桩体轴心受压承载力的要求。也就是说对于 DDC 桩，应该满足双控，即按地勘报告计算的单桩竖向承载力特征值不能大于其抗压强度。如果单桩竖向承载力特征值由抗压强度控制，则根据 4.2.2 条，其值仅与 f cu 和 Adm 有关，与桩长无关。这时，增加桩长也提高不了单桩承载力。要提高单桩承载力，只有提高 f cu 或增大桩身面积。但 f cu 经常因为施工水平限制,不能任意提高,故可行的只有提高桩身面积。

d)DDC 设计流程

Ⅰ. 根据地基反力求得所需要的地基承载力特征值;

Ⅱ. 根据湿陷性土层厚度选取相应的 DDC 桩长,然后计算单桩承载力特征值;

Ⅲ. 验算单桩承载力特征值是否满足桩身抗压强度的规定;

Ⅳ. 如根据 ii 选定的 DDC 桩长计算处的 Ra 小于桩身抗压强度, 这时要想提高 Ra, 可通过增加桩长或桩径均可。

Ⅴ. 如根据 ii 选定的 DDC 桩长计算处的 Ra 大于桩身抗压强度, 则 Ra 由桩身抗压强度控制。要提高 Ra,只能增大桩径或提高 f cu。

三、规桩

桩基础是由承台(或梁)和桩(设置在土层中的柱状物件)组成的基础形式。作用在上部结构的荷载通过承台和桩传递给具有可靠承载力的土层。规桩是指按照《建筑桩基技术规范》或其他规范对桩型的构造、计算、施工、承载力要求、质量检查及验收等做出的规定。

1. 一般规定

桩基础应按下列两类极限状态设计:

承载能力极限状态: 桩基达到最大承载能力、整体失稳或发生不适于继续承载的变形;

正常使用极限状态: 桩基达到建筑物正常使用所规定的变形限值或达到耐久性要求的某项限值。

根据建筑规模、功能特征、对差异变形的适应性、场地地基和建筑物体型的复杂性以及由于桩基问题可能造成建筑破坏或影响正常使用的程度, 应将桩基设计分为三个设计等级。

甲级:

(1)重要的建筑;

(2)30 层以上或高度超过 100 m 的高层建筑;

(3)体型复杂且层数相差超过 10 层的高低层(含纯地下室)连体建筑;

(4)20 层以上框架–核心筒结构及其他对差异沉降有特殊要求的建筑;

(5)场地和地基条件复杂的 7 层以上的一般建筑及坡地、岸边建筑;

(6)对相邻既有工程影响较大的建筑;

乙级:

除甲级、丙级以外的建筑;

丙级:

场地和地基条件简单、荷载分布均匀的 7 层及 7 层以下的一般建筑;

2. 基本资料

（1）岩土工程勘察文件

1）桩基按两类极限状态进行设计所需用岩土物理力学参数及原位测试参数；

2）对建筑场地的不良地质作用，如滑坡、崩塌、泥石流、岩溶、土洞等，有明确判断、结论和防治方案

3）地下水位埋藏情况、类型和水位变化幅度及抗浮设计水位，土、水的腐蚀性评价，地下水浮力计算的设计水位；

4）抗震设防区按设防烈度提供的液化土层资料；

5）有关地基土冻胀性、湿陷性、膨胀性评价。

（2）建筑场地与环境条件的有关资料：

1）建筑场地现状，包括交通设施、高压架空线、地下管线和地下构筑物的分布；

2）相邻建筑物安全等级、基础形式及埋置深度；

3）附近类似工程地质条件场地的桩基工程试桩资料和单桩承载力设计参数；

4）周围建筑物的防振、防噪声的要求；

5）泥浆排放、弃土条件；

6）建筑物所在地区的抗震设防烈度和建筑场地类别。

（3）建筑物的有关资料

1) 建筑物的总平面布置图；

2) 建筑物的结构类型、荷载，建筑物的使用条件和设备对基础竖向及水平位移的要求；

3) 建筑结构的安全等级。

（4）施工条件的有关资料

1）施工机械设备条件，制桩条件，动力条件，施工工艺对地质条件的适应性；

2）水、电及有关建筑材料的供应条件；

3）施工机械的进出场及现场运行条件。

供设计比较用的有关桩型及实施的可行性资料。

桩基的详细勘察除应满足现行国家标准《岩土工程勘察规范》GB50021 有关要求外，尚应满足下列要求：

（5）勘探点间距

1）对于端承型桩（含嵌岩桩）：主要根据桩端持力层顶面坡度决定，宜为 12-24 m。

当相邻两个勘察点揭露出的桩端持力层层面坡度大于 10% 或持力层起伏较大、地层分布复杂时，应根据具体工程条件适当加密勘探点。

2）对于摩擦型桩：宜按 20-35 m 布置勘探孔，但遇到土层的性质或状态在水平方向分布变化较大，或存在可能影响成桩的土层时，应适当加密勘探点。

3）复杂地质条件下的柱下单桩基础应按柱列线布置勘探点，并宜每桩设一勘探点。

（6）勘探深度

1）宜布置 1/3-1/2 的勘探孔为控制性孔。对于设计等级为甲级的建筑桩基，至少应布置 3 个控制性孔，设计等级为乙级的建筑桩基至少应布置 2 个控制性孔。控制性孔应穿透桩端平面以下压缩层厚度；一般性勘探孔应深入预计桩端平面以下 3-5 倍桩身设计直径且不得小于 3 m；对于大直径桩，不得小于 5 m。

2) 嵌岩桩的控制性钻孔应深入预计桩端平面以下不小于 3-5 倍桩身设计直径，一般性钻孔应深入预计桩端平面以下不小于 1-3 倍桩身设计直径。当持力层较薄时，应有部分钻孔钻穿持力岩层。在岩溶、断层破碎带地区，应查明溶洞、溶沟、溶槽、石笋等的分布情况，钻孔应钻穿溶洞或断层破碎带进入稳定土层，进入深度应满足上述控制性钻孔和一般性钻孔的要求。

在勘探深度范围内的每一地层，均应采取不扰动试样进行室内试验或根据土质情况选用有效的原位测试方法进行原位测试，提供设计所需参数。

3. 桩基础设计施工的质量规范

摩擦型桩的中心距不宜小于桩身直径的 3 倍；扩底灌注桩的中心距不宜小于扩底直径的 1.5 倍；当扩底直径大于 2 m 时，桩端净距不宜小于 1 m。在确定桩距时应考虑施工工艺中挤土等效应对邻近桩的影响。扩底灌注桩的扩底直径，不应大于桩身直径的 3 倍；桩底进入持力层的深度，应根据地质条件、荷载及施工工艺确定，宜为桩身直径的 1-3 倍。在确定桩底进入持力层深度时，尚应考虑特殊土等影响。布置桩位时宜使桩基承载力合力点与竖向永久荷载合力作用点重合；预制桩的混凝土强度等级不应低于 C30；灌注桩不应低于 C20；预应力桩不应低于 C40。桩的主筋应经计算确定。打入式预制桩的最小配筋率不宜小于 0.8%；静压预制桩的最小配筋率不宜小于 0.6%；灌注桩最小配筋率不宜小于 0.2%-0.65%（小直径桩取大值）。桩顶嵌入承台内的长度不宜小于 50 mm。主筋伸入承台内的锚固长度不宜小于钢筋直径（Ⅰ级钢）的 30 倍和钢筋直径（Ⅱ级钢和Ⅲ级钢）的 35 倍。对于大直径灌注桩，当采用一柱一桩时，可设置承台或将桩和柱直接连接。在承台及地下室周围的回填中，应满足填土密实性的要求。

四、桩的选型与布置

1. 桩的选型

（1）按承载性状分类

摩擦型桩

摩擦桩：在承载能力极限状态下，桩顶竖向荷载由桩侧阻力承受，桩端阻力小到可忽略不计；

端承摩擦桩：在承载能力极限状态下，桩顶竖向荷载主要由桩侧阻力承受。

端承型桩

端承桩：在承载能力极限状态下，桩顶竖向荷载由桩端阻力承受，桩侧阻力小到可忽

略不计;

摩擦端承桩:在承载能力极限状态下,桩顶竖向荷载主要由桩端阻力承受。

(2)按成桩方法分类

1)非挤土桩:干作业法钻(挖)孔灌注桩、泥浆护壁法钻(挖)孔灌注桩、套管护壁法钻(挖)孔灌注桩;

2)部分挤土桩:长螺旋压灌灌注桩、冲孔灌注桩、钻孔挤扩灌注桩、搅拌劲芯桩、预钻孔打入(静压)预制桩、打入(静压)式敞口钢管桩、敞口预应力混凝土空心桩和H型钢桩;

3)挤土桩:沉管灌注桩、沉管夯(挤)扩灌注桩、打入(静压)预制桩、闭口预应力混凝土空心桩和闭口钢管桩。

(3)按桩径(设计直径d)大小分类

1)小直径桩:$d \le 250$ mm;

2)中等直径桩:250 mm $< d <$ 800 mm;

3)大直径桩:$d \ge 800$ mm。

2. 基桩型与成桩工艺

应根据建筑结构类型、荷载性质、桩的使用功能、穿越土层、桩端持力层、地下水位、施工设备、施工环境、施工经验、制桩材料供应条件等,按安全适用、经济合理的原则选择。选择时可按本规范附录A进行。

(1)对于框架—核心筒等荷载分布很不均匀的桩筏基础,宜选择基桩尺寸和承载力可调性较大的桩型和工艺。

(2)挤土沉管灌注桩用于淤泥和淤泥质土层时,应局限于多层住宅桩基。

五、地基沉降

1. 基本概念

建筑物和土工建筑物修建前,地基中早已存在着由土体自身重力引起的自重应力。建筑物和土工建筑物荷载通过基础或路堤的底面传递给地基,使天然土层原有的应力状态发生变化,在附加的三向应力分量作用下,地基中产生了竖向、侧向和剪切变形,导致各点的竖向和侧向位移。地基表面的竖向变形称为地基沉降或基础沉降。

2. 沉降原因

由于建筑物荷载差异和地基不均匀等原因,基础或路堤各部分的沉降或多或少总是不均匀的,使得上部结构或路面结构之中相应地产生额外的应力和变形。地基不均匀沉降超过了一定的限度,将导致建筑物的开裂、歪斜甚至破坏,例如,砖墙出现裂缝、吊车轮子出现卡轨或滑轨、高耸构筑物倾斜、机器转轴偏斜与建筑物连接管道断裂以及桥梁偏离墩台、梁面或路面开裂等。

3. 沉降类型

建筑地基在长期荷载作用下产生的沉降，其最终沉降量可划分为三个部分：初始沉降（或称瞬时沉降）、主固结沉降（简称固结沉降）及次固结沉降。

4. 初始沉降

初始沉降又称瞬时沉降，是指外荷加上的瞬间，饱和软土中孔隙水来不及排出时所发生的沉降，此时土体只发生形变而没有体变，一般情况下把这种变形称之为剪切变形，按弹性变形计算。在饱和软黏土地基上施加荷载，尤其如临时或活荷载占很大比重的仓库、油罐和受风荷载的高耸建筑物等，由此而引起的初始沉降量将占总沉降量的相当部分，应给以估算。

5. 主固结沉降

主固结沉降是指荷载作用在地基上后随着时间的延续，外荷不变而地基土中的孔隙水不断排除过程中所发生的沉降，它起于荷载施加之时，止于荷载引起的孔隙水压力完全消散之后，是地基沉降的主要部分。次固结沉降在固结沉降稳定之前就可以开始，一般计算时可认为在主固结完成（固结度达到100%）时才出现。

6. 次固结沉降

次固结沉降量常比主固结沉降量小得多，大都可以忽略。但对极软的黏性土，如淤泥、淤泥质土，尤其是含有腐殖质等有机质时，或当深厚的高压缩性土层受到较小的压力增量比作用时，次固结沉降会成为总沉降量的一个主要组成部分，应给以重视。

7. 分层总和法

分层总和法是在地基沉降计算深度范围内划分为若干层，计算各分层的压缩量，然后求其总和。计算时应先按基础荷载、基底形状和尺寸，以及土的有关指标确定地基沉降计算深度，且在地基沉降计算深度范围内进行分层，然后计算基底附加应力，各分层的顶、底面处自重应力平均值和附加应力平均值。通常假定地基土压缩时不允许侧向变形（膨胀），即采用侧限条件下的压缩性指标。为了弥补这样得到的沉降量偏小的缺点，通常取基底中心点下的附加应力 dz 进行计算。

8. 有限元法

这种方法适用于连续介质，对于一般土体可以采用非线性弹性本构模型或弹塑性本构模型，考虑复杂的边界条件、土体应力应变关系的非线性特性、土体的应力历史和水与骨架上应力的耦合效应，可以考虑土与结构的共同作用、土层的各向异性，还可以模拟现场逐级加荷，能考虑侧向变形及三维渗流对沉降的影响，并能求得任意时刻的沉降、水平位移、孔隙压力和有效应力的变化。从计算方法上来说，由于其计算参数多且需通过三轴试验确定，程序复杂难以为一般工程设计人员所接受，在实际工程中没有得到普遍应用，只能用于重要工程、重要地段的地基沉降计算。

9. 规范法

《建筑地基基础设计规范》（GBJ7-89）所推荐的地基最终沉降量计算方法是另一种

形式的分层总和法。它也采用侧限条件的压缩性指标,并运用了平均附加应力系数计算,还规定了地基沉降计算深度的标准以及提出了地基的沉降计算经验系数,使得计算成果接近于实测值。

10. 计算注意事项

地基沉降计算中注意的几个问题:

深度计算方法:

沉降计算深度可采用《建筑地基基础规范》(GB 50007-2002)中的方法来确定。

六、应力和变形的关系

在有关地基土中的应力和变形中,都把地基假设成直线变形体,从而直接应用了弹性理论解答。实践表明:对于低压缩性的土,当建筑物的荷载不大,基础底面的平均压力不超过土的比例界限时,它的应力和应变成直线关系,可以得到与弹性理论解答相近的结果。而当荷载增大后,情况却大不相同。又如高压缩性的软土在一开始,它的应力和应变间的关系就是非线性的。因此,为了研究高压缩性土的变形和反映在更大的荷载范围下的变形的真实情况,就有必要把土看成作为非线性变形体。

1. 土的压缩性指标的选定

从基础最终沉降量计算公式可以看出:基础沉降计算的准确性与土的压缩特性指标有着密切的关系,有时,由于压缩性指标选用不当,或根本不可靠,从而使得沉降计算完全失去意义。土的压缩性指标应该完全反映出土在天然的状态下受建筑物荷载后的实际变形特征,但是,在现有条件下,室内实验与荷载实验时地基上所保持的应力状态和变形条件都和实际有所区别,而且对于不同的土和不同的实验条件,这些差别也不一样。

2. 精确度问题

对于压缩性较大的地基,计算往往小于实测值;对于压缩性小的地基,则恰恰相反。为了提高地基变形计算的精度,在对比总结了一些地基变形计算与实测的基础上,对不同压缩的地基,《建筑地基基础设计规范》提出了相应的修正系数 ψ,并认为只有正确选用了 ψ,就能使地基变形计算的精确度普遍有所提高。但是,修正系数 ψ 的确定还不是很精确。

3. 监测方法

随着沿海地区经济建设的飞速发展,以淤泥质软黏土为地基的工程建设事业也得到了迅猛发展。如何在已定的工期内,在满足工后沉降的条件下,确定可靠的地基处理设计方案、合理计划施工进度,成为软基工程中迫切需要解决的重大课题。进行地基沉降预测是解决这一课题的必然途径。近几十年来,各国学者在地基沉降预测领域内开展了大量深入广泛的研究,取得了大量成果,但是由于软土自身工程特性极为复杂,加上上部荷载与上部结构的影响,使得软基土层沉降机理变得十分复杂。现有地基沉降预测方法受其假设条件与实际存在较大不符的限制,所得沉降预测结果往往与实测沉降值之间存在较大差异。对地基沉降预测方法的研究有待进一步发展。

4. 监测点布置

沉降监测采用精密水准测量的方法，测定布设于建筑物上测点的高程，通过监测测点的高程变化来监测建筑物的沉降情况，在周期性的监测过程中，一旦发现下沉量较大或不均匀沉降比较明显时，随时报告施工单位。根据建筑施工规程要求和地基不均匀沉降将引起建筑破坏的机理，一般应在建筑物围墙每个转折点连接处设一个监测点。

5. 控制点布设

因为控制点是整个沉降监测的基准，所以在远离基坑比较安全的地方布设 2 个控制点。每次监测时均应检查控制点本身是否受到沉降的影响或人为的破坏，确保监测结果的可靠性。

6. 注意事项

（1）建筑物沉降监测点与基点构成闭合水准测线。

（2）沉降监测按国家一等水准测量规范要求实测。

（3）监测仪器采用 DS05 级索佳 B1 自动安平精密水准仪，视线长度严格控制在 30 m 以内，前后视距差 <0.5 m，任一测站前后视距差累积 $<\pm 1.5$ m，视线高度（下丝读数）>0.5 m。

（4）在各测点上安置水准仪三脚架时，使其中两脚与水准路线的方向平行，第三脚轮换置于路线方向的左侧与右侧。

（5）在同一测站监测时，不进行两次调焦，转动仪器的倾斜螺旋和测鼓时，其最后旋转方向均应为旋进。

（6）水准测量测点间的站数控制为偶数站。

（7）测站观测限差，基辅分划读数之差不超过 0.3 mm，基辅分划所测高度之差不超过 0.4 mm，测站观测误差超限，在发现后立即重测，若迁站后才检查发现，从基点开始，重新观测。

（8）水准测量的环闭合差不得超过 2F mm。其中，F 为环线长度 0 km。在监测过程中，对此严格执行，一旦超限，立即重新监测以确保监测精度。

七、搅拌桩沉降计算

1. 双层地基法

双层地基法即将搅拌桩复合地基的变形 S 等于复合土层的压缩变形 S1 和桩端以下未处理土层的压缩变形 S2。

（1）复合模量法

将复合地基加固区增强体连同地基土看作一个整体，采用置换率加权模量作为复合模量，复合模量也可以根据试验确定，并以此作为参数采用分层总和法求 S1。

（2）应力修正法

根据桩土模量比求出桩土各自分担的荷载，忽略增强体的存在，用弹性理论求出土中应力，用分层总和法求出加固区土体的变形，并以此作为 S1。

（3）桩身压缩量法

假定桩体不会产生刺入式变形，通过模量比求出桩承担的荷载，再假定桩侧摩阻力的分布形式，则可通过材料力学中求压杆变形的积分方法求出桩体的变形，将此作为 S1。

（4）应变修正法

在实际应用中，先把加固区分层，计算每层未加固时土的竖向应变 εv0。及应变折减系数 RP 和 RC 值，然后比较 RP 和 RC 值，取其中大值可得到复合地基竖向应变值 εV=εv0max (RP、RC)。由每层的应变值可计算出每层的压缩量，累加各层的压缩量可得整个加固区的压缩量 S1。

（5）经验值法

复合土层的压缩变形值可根据上部荷载、桩长、桩身强度等按经验取 10-30 mm 或 20-40 mm。

（6）叠加因子法

叠加因子方法应用也较多，但传统桩间的叠加因子是运用象边界元等数值计算手段来分析两根桩间的情况而估计得到的。根据压入土体中的柔性桩的荷载与位移关系提出桩体位移表达式，以及沉降与位移的半径关系即单桩沉降引起土体的位移场，从而得到桩间的相互叠加因子。通过叠加桩体在自身荷载作用下的位移和其余桩体位移引起的附加位移从而计算加固区的沉降。S2 的计算方法一般有以下几种：

1）应力扩散法

此法实际上对地基规范中验算下卧层承载力的借用，即将复合地基视为双层地基，通过这一应力扩散角简单的求得未加固区定面应力的数值，再按弹性理论法求得整个下卧层的应力分布，分层总和法求 S2。

2）等效实体法

即地基基础规范中群桩（刚性桩）沉降的计算方法。假设加固体四周受均布摩阻力，上部的压力扣除摩阻力后即得到未加固区定面应力的数值，再按弹性理论求得整个下卧层的应力分布，用分层总和法求 S2。

3）Mindlessness 方法

按照模量比将上部荷载分配给桩土，假定桩侧摩阻力的分布形式，按 Mint 基本解积分求出桩对未加固区形成的应力分布；按弹性理论求得土分担的荷载对未加固区的应力，再与前面积分求得的未加固区应力叠加，以此应力按分层总和法求 S2。以上这些方法都有一个共同的问题，即当桩长大于有效桩长的时候，大于有效桩长部分的桩体是如何工作的或者说在这种情况下上部荷载又是如何通过加固体传到下卧层的。在分析这种情况下桩体的工作状态时，提出了三层地基法。

2. 三层地基法

水泥土搅拌桩介于刚性桩与柔性桩之间，桩身将发生一定的变形，而且沿桩长的侧摩阻力不是均匀的，呈现出上部摩阻力较大、下部较小的规律。有文献将水泥土桩身长度范围内分两个工作区，上段 (LC) 为桩土塑性共同工作区，在该区内，桩土结点（桩侧面与土接触面）已经屈服，桩与土非同步压缩，压缩量取决于桩体压缩模量，可将此段视为一层，计算时采用桩体压缩模量 EP；在桩体弹性工作区 (L-LC)，桩与土几乎同步压缩，则 (L-LC) 深度范围内可视为第二层，计算时采用复合地基模量 Esp；桩尖以下看作第三层，采用桩尖下土的压缩模量 EC。各层采用不同的计算公式进行求解，并把各层的计算结果相加即得复合地基的总沉降。三层模量法的计算理论也比较符合水泥土搅拌桩复合地基的工作特性，公式也比较简单，但桩土体的弹塑性工作区的划分、计算的表达式等问题有待进一步完善。

八、公路桥梁桩基的施工与检测

桩基施工是公路桥梁建设的重要组成部分，直接影响着公路桥梁建设的质量。

1. 公路桥梁桩基施工中常见的问题

（1）桩基桩位钻进过程中的问题

在实际的公路桥梁桩基施工过程中，一些桩基的桩位由于不合理地施工操作，造成桩位质量不过关、桩位出现裂隙等问题，容易引发溶洞等事故。面对施工中桩位质量控制问题，在进行实际的桩基施工操作的时候，桩基钻进过程中出现护筒内水面浑水或者有气泡产生，就可能出现了桩基施工中的漏浆现象，这时候需要在泥浆中加入适量的黏土等建筑材料来提高泥浆的性能。此外，桩基的钻进过程需要注意钻进的冲程，前期钻进要维持较小的钻进冲程，在后期钻进状况稳定后才能进行适当的冲程调节。在钻进靠近到终孔标高附近时，要注意对钻孔内外水位差的把握，防止水位差过大造成的巨大压力形成坍孔问题。遇到桩基施工过程中的坍塌问题时，可以用钻来探明坍塌位置，采用石片和黏土来进行回填的方法来改善情况，确保回填体沉积严实，然后再进行桩基地钻进。

（2）桩基断桩等事故的预防措施

在公路桥梁项目的桩基施工过程中，会经常出现断桩等事故，会对公路桥梁的整体质量产生较大地影响。因此，在实际桩基施工过程中，对桩基的灌注施工作业时要合理地安排作业时间，保持连续性和紧凑性；灌注进行时也需要对导管的埋置深度进行合理地把握，确保埋置深度大于 2 米；在灌注过程中，可以事先在导管上安装活动护罩来保护导管和钢筋骨架地连接，活动护罩可以用 1 毫米厚度的钢板来制造。此外，在进行桩基地灌砼施工时，需要将灌砼施工同导管地上拔同时进行，从而提升施工效率，确保导管的理入深度，确保整个施工质量。

（3）桩基桩身地离析和缩孔等问题

在桥梁施工过程中要对桩基桩身的施工质量进行严格地保证，对离析现象需要及时采取措施进行解决，面对由孔洞的蜂窝缺陷引起地桩身离析情况，先用小孔钻对需要处理的部位进行钻进，然后对待处理部位进行高压水清洗，最后用高压泵对待处理部位进行水泥浆地灌注。灌注后出现桩身缩小的问题，则需要对缩小部位采取及时的补救措施。对桩身离析和缩孔等事故需要在施工过程中提前做好相关预防，要保证导管入孔连接的密封性，避免导管出现漏水；在灌注进行过程中要注意对导管理深程度地处理，防止浮浆进入导管。

2. 公路桥梁桩基施工中应该注意的问题

总体来说，公路桥梁桩基地施工需要做好对施工程序地管理和规划，建立合理的施工管理体系，建立有效的问责机制和问题防范体系，对整个公路桥梁工程都实施合理有效地监督和管理，为公路桥梁建设项目提供良好和安全的施工条件。

（1）桩基钻进施工中的钻进参数和钻进孔径地控制

在进行桩基钻进施工中要注意对钻进过程的合理规范操作，开钻时要注意钻机底座的位置，要水平放置。开钻时要选用较小的钻进速率，降低钻具的重心，防止在钻进过程中出现钻机的倾斜。在整个桩基的钻进过程中，需要根据孔深、孔径、土层状况等各种因素综合考虑钻具的钻进参数，确保钻进施工有效地进行。对钻具孔径地选择要参照设计桩径的大小。实际操作过程中，还应该注意以下问题：

1）钻进过程中，需要注意对土层压力的把握，做到压力平衡，避免缩孔和塌孔地发生，这一目标可以通过提高孔泥浆的技术指标以及水头高度来实现。

2）桩基钻进施工过程中，要注意对泥浆质量的严格控制，需要对泥浆的质量和比重进行定期地测量，对泥浆质量中的黏度、含砂量以及胶体率等影响因素进行综合地评估，确保施工中泥浆的质量。

3）桩基施工的终孔阶段需要对实际施工孔径进行精确地测量，可以利用探笼器来完成这一检测过程，确保钻孔的上下顺畅，确保钻孔的技术水平要求。

（2）对桩基施工中钻孔孔底沉渣地控制

公路桥梁桩基的实际施工过程中会产生一定的钻孔孔底沉渣，这些孔渣会对桩基嵌岩桩的端承作用产生影响，因此需要对钻孔孔底的沉渣进行严格地控制。

1）施工过程中桩基钻孔的钢筋笼和导管环节完成之后，在进行混凝土的灌注前，需要对钻孔进行二次清理，灌注的混凝土泥浆需要进行严格的质量控制，确保桩基的质量。

2）对装机钻孔的清孔工作可以参照钻机的类型来进行，在确定孔底的沉渣状况符合标准之后，才能进行混凝土地灌注，清孔和混凝土灌注之间间隔时间不能过长，以防止长时间地灌注等待造成钻孔内的土渣再次掉落。

3）可以通过加大初次灌注中混凝土的灌注量来降低孔底的沉渣残余量。

（3）对桩基钻孔终孔地鉴定

钻孔孔底的渣样是进行钻孔终孔鉴定的重要指标。

1）在风化岩层类型的基桩施工中，可以借助孔底捞取的渣样对岩面进行鉴定，在终孔时对孔深进行测量，鉴别孔底渣样的标准。

2）桩基的持力层处于强风化结构岩层的情况下，对渣样地鉴定需要对强风化结构岩层和残积土进行区别。

3）对施工中钻具的钻进速率要进行良好地控制，通过不同岩层和土层的阻力来进行调整，确保施工效率和终孔质量。

（4）对混凝土水下灌注施工地控制

对水下混凝土的灌注施工是公路桥梁桩基施工的最后一个环节，也是对整个桩基质量保证的最重要环节。下面对导管法水下混凝土灌注技术进行表述：

1）初灌混凝土需要用剪球方法进行灌注，对混凝土初灌量地确定需要依据桩径的大小来确定，确保初次混凝土的灌入对导管的埋入深度到一米以上。

2）施工过程中进行混凝土灌注的时候，需要根据不断提高的灌注高度来提升导管高度，确保导管底端在混凝土中的埋入深度，最好是在混凝土以下 2 米到 8 米之间，不能将导管的底端露出混凝土表面，防止桩基地断裂。

3）进行混凝土灌注的过程中，要注重对混凝土灌注密实性地保障，可以通过灌注过程中对导管地上下抽动来实现。此外，在混凝土灌注时还需要对导管内外的混凝土面高度进行控制，确保灌注质量。

3. 公路桥梁桩基质量检测方法

（1）高应变检测法

高应变检测施工法可以判定桩身施工中存在的缺陷，并对缺陷进行有效地解决。可以对桩身的缝隙和接头等缺陷进行评估和鉴定，确保桩基的抗压承载力，可以和低成变检测施工法一起形成比较有效的桩基施工技术体系。

（2）低应变反射波检测法

低应变反射波法可以用来对桩身的完整性和预制桩进行检测，同时通过定量分析软件来判断桩基的缺陷程度，一定程度反映了应力波地传播过程，在实际操作中的作用远远大于人的肉眼对波形缺陷的判断。

（3）声波透射检测法

声波透射法能对混凝土的性质和质量进行合理地分析和判断，可以对施工状况进行细致和全面检测，对于提高桩基检测和施工质量有着十分重要地作用。

公路桥梁施工中的桩基质量问题直接影响着公路桥梁的质量和安全，桩基施工工程的质量需要进行严格地控制，通过对实际桩基施工中一些问题的有效解决，加上有效的桩基质量检测方法，保证公路桥梁桩基施工质量，促进公路桥梁建设事业地发展。

九、管桩工程质量的验收与检测

在 20 世纪 80 年代之前，预制桩在施工过程中是采用“打桩公式”(世界上的打桩公式有 100 多个)复核承载力估算值。对灌注桩，在 1981 年颁布执行的《工业与民用建筑灌注桩基础设计与施工规程》中规定：“在施工时对桩身质量和承载力有疑问时，可采用荷载试验或其他检验手段进行检查，其数量由设计、施工及其他有关单位共同研究决定”。在当时，这个“其他检验手段”实际上只有“声波透射法”。自 1982 年起，国内一些科研单位和大专院校对“其他检验手段”进行研究，取得了许多成果：属高应变系列的有“锤击贯入试桩法”和“PDA 法”；属低应变系列的有“机械阻抗法”“反射波法”和“动参数法”。1995 年，出版了行业标准《基桩低应变动力检测规程》(JGJ/T 93-95)，1997 年出版了《基桩高应变动力检测规程》(JGJ l06-97)，2003 年出版了《建筑基桩检测技术规范》(JGJl06-2003)。这些动态测试的方法，为桩基工程质量验收提供了定性和定量判别的重要参考依据。

1. 低应变动测方法的局限性

(1)只能有效地探测到桩顶以下第一个缺陷的界面不论是采用频域或是时域的分析方法，当应力波在桩顶以下第一个界面反射后，如果还有第二个缺陷，很难接收到第二个界面的信号。

(2)只能做定性判定。由于桩的尺寸效应、测试系统的幅频相频响应，高频波的弥散、滤波等造成的实测波形畸变，以及桩侧土阻尼、土阻力和桩身阻尼的耦合影响，尚不能做到定量判定。而且，对于桩身不同类型的缺陷性质仅凭信号也难以区分(如灌注桩的缩颈与鼓肚，以及局部松散、夹泥、裂缝、空洞等等)。

(3)对钢管桩和异型桩不适用低应变法的理论基础是以一维线弹性杆件模型为依据，要求应力波在桩身中传播时平截面假设成立，故不适用于钢管桩和异型(如 H 型)桩。对于混凝土管桩来说，目前尚在进一步探索中。有试验表明：当 TP(脉冲宽度)=1.5 ms，即 λ(特征波长)=6.45 m 时，在(激振点平面以下深度)Z=2R 的截面上平截面假设可以成立，但在 Z=4R 的截面上，平截面假设不成立。随着 λ/R 的减小，尺寸效应引起的平截面假设失效和高频干扰加剧，导致实测波形严重畸变，使一维理论探测桩身缺陷的适用性大打折扣。再有，开口管桩的底部有土塞，应力波在传至土塞上部界面时遇不同阻抗，产生反射和透射；同理，当管内出现积水时，积水界面也会产生反射与透射；这些因素对探测桩身缺陷形成严重干扰。

2. 承载力和桩身质量的验收标准问题

《建筑地基基础工程施工质量验收规范》(GB 50202-2002)首次明确规定了在桩基础施工结束后，要进行承载力检验和桩身质量检验，并规定了这两项是验收时的主控项目(主控项目在验收时必须 100% 达到合格标准)。但遗憾的是没有给出“允许偏差或允许值”。对于承载力验收而言，如果某一受检桩的单桩承载力特征值没有满足设计要求(即出现了负偏差），那么它偏差了多少算不合格呢？是不是只要出现了负偏差就算该主控项目不合格？对于桩身质量验收而言，如果是采用低应变法进行检验，由于其不能做出定量判定，因而其检验结果只能作为验收时的参考依据，而不能对该主控项目是否达到合格标准做出结论。况且《建筑地基基础工程施工质量验收规范》对该主控项目也没有给出"合格标准"，导致验收时经常发生扯皮，监理工程师在签字时笔头重、手发抖。

3. 管桩的承载力与桩身质量验收竖向抗压承载力

管桩按其桩径来说，一般属于中等直径桩。在施工结束后对其承载力进行检验时，采用静载荷（慢速维持荷载法）试验方法进行检验还是比较方便的，在多数情况下可以利用静压桩机作为反力装置。作者建议验收时按下列几点执行：受检桩的最大加载值由设计单位书面提出；受检桩的数量按相关规定执行。试验方法采用慢速维持荷载法。经检验承载力不能满足设计要求，即可判定该主控项目不合格（即不允许出现负偏差）。当主控项目出现不合格项时，由设计单位提出处理方案，经施工单位实施后，再进行二次验收桩身质量。管桩是工厂生产的产品，经检验合格后方可出厂。管桩运达现场后，购货方代表和监理工程师要按检验批进行验收。这里所讲的"桩身质量"，是指桩施工结束（入土）后的桩身质量。此时的桩身质量可能存在爆裂、压爆、局部磕损或缺损、环向或纵向裂缝、接头焊接质量问题等等。管桩的有些桩身质量问题在施工过程中就被发现后（如爆裂、磕损或吊装不当引起的裂缝等），得到及时处理。桩在入土后虽然看不见，但从压桩时压力与贯入度的变化（结合地质条件分析），压桩完成后土塞的高度，管内积水等情况，现场施工人员和监理工程师对桩身质量也可作判断。如果采用低应变法进行桩身质量检测，如前所述具有一定的局限性和不适用的可能。现在笔者推荐一种新的检测方法：孔内数字电视检测法。该法采用孔内电视摄像仪进行探测，能对管（孔）中出现的缺陷进行定性和定量判定，具有检测方便快捷、检测结果直观的特点。该方法解决了其他方法不能定量、对缺陷性质难以判定的问题，是桩身质量检测手段的一大进步。当检测手段能够对桩身质量做出定量判定时，笔者建议对管桩桩身质量的验收标准作如下规定：经检验，桩身存在下列缺陷时，应判定为不合格桩：裂缝环状闭合且上段与下段已发生错位的断桩；环状裂缝已达周长的 1/2 及以上的裂缝；局部破损面大于 50 cm² 的桩；纵向裂缝最大宽度大于等于 1 mm、长度大于等于 20 cm。上述第 2、3、4 种情况的桩，若设计单位认为经处理后可以按正常桩使用或降低标准使用，应由施工单位负责提出处理方案报设计单位认可后，组织实施。处理完毕后，进行二次验收。二次验收时，应由建设单位、监理单位、设计单位和施工单位共同签署意见。

第三节　地基工程

一、地基处理技术

地基处理的目的是通过换填、夯实、挤密、排水、胶结、加筋和热学等方法对地基土进行加固，以改良地基土的工程特性。要包括：①提高地基的抗剪切强度；②改善地基的压缩性；③改善地基的透水特性；④改善地基的动力特性；⑤改善地基特殊土的不良特性。

1. 换土垫层法

（1）垫层法

垫层法基本原理是挖除浅层软弱土、不均匀土、湿陷性土、膨胀土及冻胀土等的一部分或全部挖去，然后换填密度大、强度高、水稳定好的较粗粒径的材料。换土垫层法可提高持力层的承载力，减少沉降量。常用机械碾压、平板振动和重锤夯实进行施工。垫层法常用于基坑面积宽大和开挖土方量较大的回填土方工程，处理深度为 2-3m，适用于处理浅层软弱土层与低洼区域的填筑。

（2）强夯挤淤法

强夯挤淤法采用边强夯、边填碎石、边挤淤的方法，在地基中形成碎石墩体。这样可提高地基承载力和减小变形。适用于厚度较小的淤泥和淤泥质土地基，应通过现场试验才能确定其适应性。

2. 振密、挤密法

振密、挤密法是通过振动、挤压使地基土体孔隙比减小，强度提高。软土地基中常用强夯法。强夯法是利用强大的夯击能，迫使深层土液化和动力固结，使土体密实，用以提高地基土的强度并降低其压缩性。

3. 排水固结法

是软土地基在附加荷载的作用下，逐渐排出孔隙水，使孔隙比减小，产生固结变形。在这个过程中，随着土体超静孔隙水压力的逐渐消散，土的有效应力增加，地基抗剪强度相应增加，并使沉降提前完成或提高沉降速率。排水固结法主要由排水和加压两个系统组成。排水可以利用天然土层本身的透水性，尤其是上海地区地基多夹砂薄层的特点，也可设置砂井、袋装砂井和塑料排水板之类的竖向排水体。加压主要采用地面堆载法、真空预压法和井点降水法。为加固软弱的黏土，在适当条件下，采用电渗排水井点也是合理的。

（1）堆载预压法

在建筑物建造之前，通过临时堆填土石等方法对地基加载预压，达到预先完成部分或大部分地基沉降，并通过地基土固结提高地基承载力，然后撤除荷载再建造建筑物。堆载预压法适用于软黏土和淤泥质土地基。

（2）砂井法

在软黏土地基中，设置一系列砂井，在砂井之上铺设砂垫层或砂沟，人为地增加土层固结排水通道，缩短排水距离，从而加速固结，并加速强度增长。砂井法通常辅以堆载预压，称为砂井堆载预压法。适用于透水性低的软弱黏性土，但对于泥炭土等有机质沉积物不适用。

（3）真空预压法

在黏土层上铺设砂垫层，然后用薄膜密封砂垫层，用真空泵对砂垫层及砂井抽气，使地下水位降低，同时在大气压力作用下加速地基固结。适用于能在加固区形成（包括采取措施后形成）稳定负压边界条件的软土地基。

（4）降低地下水位法

通过降低地下水位使土体中的孔隙水压力减小，从而增大有效应力，促进地基固结。适用于地下水位接近地面而开挖深度不大的工程，特别适用于饱和粉、细砂地基。

（5）电渗排水法

在土中插入金属电极并通以直流电，通过直流电场作用，土中的水从阳极流向阴极，然后将水从阴极排除，而不让水在阳极附近补充，借助电渗作用可逐渐排除土中水。在工程上常利用它降低黏性土中的含水量或降低地下水位来提高地基承载力或边坡的稳定性。适用于饱和软黏土地基。

4. 置换法

（1）振冲置换法（或称碎石桩法）

碎石桩法是利用一种单向或双向振动的冲头，边喷高压水流边下沉成孔，然后边填入碎石边振实，形成碎石桩。桩体和原来的黏性土构成复合地基，以提高地基承载力和减小沉降。适用于地基土的不排水抗剪强度大于 20 kPa 的淤泥、砂土、粉土等地基。

（2）石灰桩法

在软弱地基中用机械成孔填入作为固化剂的生石灰并压实形成桩体，利用生石灰的吸水、膨胀、放热作用以及土与石灰的物理化学作用，改善桩体周围土体的物理力学性质，同时桩与土形成复合地基。适用于软弱黏性土地基。

（3）强夯置换法

对厚度小于 6 m 的软弱土层，边夯边填碎石，形成深度 3-6 m、直径为 2 m 左右的碎石柱体，与周围土体形成复合地基，适用于软黏土。

（4）水泥粉煤灰碎石桩 (CFG 桩)

是在碎石桩基础上加进一些石屑、粉煤灰和少量水泥，加水拌和，用振动沉管打桩机或其他成桩机具制成的具有一定黏结强度的桩。桩和桩间土通过褥垫层形成复合地基。适用于填土、饱和及非饱和黏性土、砂土、粉土等地基。EPS 超轻质料填土法，发泡聚苯

乙烯 (EPS) 的重度只有土的 1/50-1/100，并具有较好的强度和压缩性能，用于填土料可有效减少作用在地基上的荷载，需要时也可置换部分填基土，以达到更好的效果。适用于软弱地基上的填方工程。

5. 加筋法

通过在土层中埋设强度较大的土工聚合物、拉筋、受力杆件等提高地基承载力、减小沉降，或维持建筑物稳定。

（1）土工合成材料

土工合成材料是岩土工程领域中的一种新型建筑材料，是用于土工技术和土木工程，而以聚合物为原料的具有渗透性材料名词的总称。它是将由煤、石油、天然气等原材料制成的高分子聚合物通过纺丝和后处理制成纤维，再加工制成各种类型的产品，置于土体内部、表面或各层土体之间，发挥加强或保护土体的作用。常见的这类纤维有：聚酰胺纤维 (PA，如尼龙、锦纶)、聚酯纤维 (如涤纶)、聚丙烯纤维，聚氯乙烯纤维 (PVC，如氯纶) 等。利用土工合成材料的高强度、韧性等力学性能，扩散土中应力，增大土体的抗拉强度，改善土体或构成加筋土以及各种复合土工结构。主要包括排水作用、反滤作用、隔离作用和加筋作用。适用于砂土、黏性土和软土，排水和隔离材料。

（2）加筋土

把抗拉能力很强的拉筋埋置在土层中，通过土颗粒和拉筋之间的摩擦力形成一个整体，用以提高土体的稳定性。适用于人工填土的路堤和挡墙结构。

（3）土层锚杆

土层锚杆是依赖于土层与锚固体之间的黏结强度来提供承载力的，它使用在一切需要将拉应力传递到稳定土体中去的工程结构，如边坡稳定、基坑围护结构的支护、地下结构抗浮、高耸结构抗倾覆等。适用于一切需要将拉应力传递到稳定土体中去的工程。

（4）土钉

土钉技术是在土体内放置一定长度和分布密度的土钉体，与土共同作用，用以弥补土体自身强度的不足。不仅提高了土体整体刚度，又弥补了土体的抗拉和抗剪强度低的弱点，显著提高了整体稳定性。适用于开挖支护和天然边坡的加固。

（5）树根桩法在地基中沿不同方向设置直径为 75-250 mm 的细桩，可以是竖直桩，也可以是斜桩，形成如树根状的群桩，以支撑结构物，或用以挡土，稳定边坡。适用于软弱黏性土和杂填土地基。

6. 胶结法

（1）注浆法

其原理是用压力泵把水泥或其他化学浆液注入土体，以达到提高地基承载力、减小沉降、防渗、堵漏等目的。适用于处理岩基、砂土、粉土、淤泥质黏土等，也可加固暗浜和使用在托换工程中。

（2）高压喷射注浆法

将带有特殊喷嘴的注浆管，通过钻孔置入要处理土层的预定深度，然后将水泥浆液以高压冲切土体，在喷射浆液的同时，以一定速度旋转、提升，形成水泥土圆柱体；若喷嘴提升而不旋转，则形成墙状固结体。可以提高地基承载力、减少沉降、防止砂土液化、管涌和基坑隆起。适用于淤泥、淤泥质土、人工填土等地基。对既有建筑物可进行托换加固。

（3）水泥土搅拌法

利用水泥、石灰或其他材料作为固化剂的主剂，在地基深处就地将软土和固化剂用机械强制搅拌，形成坚硬的拌和柱体，与原地层共同形成复合地基。适用于标准值不大于 120 kPa 的黏性土地基。

7. 冷热处理法冻结法

通过人工冷却，使地基温度低到孔隙水的冰点以下，使之冷却，从而具有理想的截水性能和较高的承载力。适用于软黏土或饱和的砂土地层中的临时措施。

建筑地基加固技术的种类较多，而且还在不断发展，随着地基加固设计理论和施工技术的不断发展，还将会出现大量新的加固方法。只有掌握了地基加固的原理、施工方法以及适用土层，就可以在实际设计中针对不同场地的具体情况，灵活采用地基加固方法。

第四节　边坡工程

一、概述

1. 定义

为满足工程需要而对自然边坡和人工边坡进行改造，称为边坡工程。

2. 分类

根据边坡对工程影响的时间差别，可分为永久边坡和临时边坡两类；根据边坡与工程的关系，可分为建筑物地基边坡（必须满足稳定和有限变形要求）、建筑物邻近边坡（须满足稳定要求）和对建筑物影响较小的延伸边坡（允许有一定限度的破坏）。

3. 高速公路坡边防护

随着公路等级的不断提高，公路的边坡防护问题也得到了广泛的重视。因为公路中存在路基较宽、挖填较大的问题，特别是山岭重丘区域的公路，高填深挖实施的较多，所以，积极做好边坡防护尤为重要，尽可能地避免雨水、泥石流冲刷、坍塌事故的发生。

（1）高等级公路边坡防护的重要性

高等级公路作为我国公路运输事业的发展关键，影响着我国社会经济的发展。公路边坡防护工作能够有效地推动交通事业的发展，保障公路运输的工作的合理开展，为我国经济发展提供了安全、畅通的交通条件。加强公路边坡防护不仅能够延长公路的事业寿命，减少公路产生的不必要的开支，而且能够减低运输成本，对于我国建设节约型社会有着极其重要的意义。高等级公路良好的边坡防护能够促使道路通行相对安全，还能够最大限度地提升高等级公路设施的使用效率。

（2）边坡破坏的主要形式与机理

1）公路下边坡路基

下边坡一般为填土路堤。受力稳定的路堤边坡的破坏，主要表现为边坡坡面及坡脚的冲刷。坡面冲刷主要来自大气降水对边坡的直接冲刷和坡面径流的冲刷，使路基边坡沿坡面流水方向形成冲沟，冲沟不断发展导致路基发生破坏；沿河路堤及修筑在河滩上、滞洪区内的路堤，还要受到洪水的威胁，这种威胁表现为冲毁路堤坡脚导致边坡破坏。

2）公路上边坡

公路上边坡是人工开挖的斜坡，其强度应达到稳定边坡的要求，在经过降雨、融雪、冻胀等风化作用下，其主要表现出的边坡破坏形式为冲刷及崩坍等事故的发生。冲刷现象主要是发生在较缓的土质边坡，如砂性土边坡、黄土边坡等。在环境作用下，沿着坡面的径流方向产生了许多的小冲沟，若在不采取任何防护措施的情况下，其小冲沟经过长时间的作用，呈现出逐年增大的趋势。冬季在边坡的坡脚位置容易出现积雪，使坡脚的地质湿软，强度降低，上部土体失去支撑，造成破坏。其次，高速行驶中的汽车溅起的雨雪水与容易对坡脚造成冲刷。总之，边坡中最为薄弱的环节就是图纸边坡的坡脚位置。边坡的崩坍，一般分为三类：落石型、滑坡型、流动形，有时在一次崩坍中会同时具有这三种形式。

1）落石型

一般指较陡的岩石边坡，易产生落石的岩层必然是节理、层理，或断层影响下裂隙发育，被大小不一的裂面分割成软弱的断块，这些裂面宽而平滑，有方向性。落石和岩石滑动易沿陡的裂面发生。裂隙张开的程度用肉眼不一定就能识别，但能渗水，由于反复冻融，长时间的微小移动，裂缝逐渐扩大，由于降雨，裂缝中充满水，产生侧向静水压力作用，造成崩坍。一般裂隙发育岩体，更易发生落石现象，此外，在硬岩下卧软弱层时，也会发生这种现象。此类破坏形式必须严格控制，崩坍滚落的岩石极易对行车构成威胁。

2）滑坡型崩坍

主要是指在岩层的外力作用下剪断，岩层间的软岩部分发生顺层滑动的现象，其较多的发生在路基、层间有软弱夹层的岩体中间。其次，当基岩上出现伏岩屑层、岩堆等松散的堆积物时，也容易导致由于堆积物沿岩层的层理面、节理面或断层面而出现崩坍现象。

3）大雨时的崩坍

多属于流动型，砂、岩屑、页岩风化土等松散沉积土，多会受水的影响而产生流动型崩坍，流动型崩坍没有明显的剪切滑动面。

（3）公路边坡防护设计的主要发展趋势

1）刚性结构与柔性结构相结合

公路边坡防护的设计主要是通过对刚性结构的防护措施进行设计，在设计方面，运用能够确保边坡稳定的砌石防护与架防护钢网的方法。刚性结构的边坡防护措施对于维护边坡的安全起着有效的作用，也是边坡防护中较为常用的一种。由于其操作既简单又有效，因而能够有效地对公路边坡的防护起到有效的作用。然而，近年来随着社会对环保工作的重视，国家实施交通基础建设时，对自然生态环境给予了更多的关注，在建设交通设施时，把保护环境作为工程设计的重要环节。因此，这就对公路边坡的柔性防护提出了要求，在确保边坡稳定的前提下，适当的改变刚性砌石防护单一模式，进一步采用柔性防护。通过植物防护，在进一步巩固边坡稳定性的同时，也起到了防护边坡的措施。植物防护一般包括在边坡上种草、植草皮、植树等。根据具体的地理和气候环境选择不同的方式，或者多种方式相结合，比如种植草皮与植树相结合，可以增强公路边坡的水土稳定性，可以有效地防雨水冲刷，限制泥石流和坡土坍塌的事故发生的概率。现今社会环保意识不断增强，应把刚性结构与柔性结构两者相互结合，在公路边坡防护时，可以依据具体路段的实际情况，设计出符合时代要求与趋势的防护设计方案。

2）发展生态型防护，注重景观设计

随着时代的发展，社会对于生态的保护有了有效的提升，生态型防护是今后公路边坡设计发展的必然要求。随着人类对生态环境意识的加强，在施工中对施工项目造成的环境破坏现象得到控制，使生态意识得到有效提升。做好生态型的边坡防护，是为了保证边坡免受雨水的冲刷，减缓对软弱岩土表层的破坏速度，确保边坡的整体稳定性得到提升。

4. 对高速坡边防护的几点建议

（1）高等级公路作用大，社会效益好，影响也大，因此，要重视边坡的防护和加固工作；

（2）设计单位要重视前期勘察工作，尽量将地质、气候、水文等情况掌握得详细些，为搞好设计提供准确的第一手资料；

（3）尽量减少高填深挖，用桥梁和隧道代替，这样既可以减少对自然环境的破坏，也可消除或减轻为搞好边坡防护与加固带来的问题，从而减少高等级公路的隐患；

（4）由于公路贯穿的地区较多，其地质构成及环境因素都大不相同，因此，公路容易受到地质条件及环境因素的影响，公路的边坡防护及加固应结合施工场地的实际情况进行设计施工。在施工前期，要做好勘察工作，尽可能地将各类因素都进行有效控制，为设计的合理实施提供合理有效的依据。

二、水利堤防工程施工的方法

1. 水利工程软基的特性

(1)孔隙比和天然含水量大

我国软土的天然孔隙比一般在 e=1-2 之间，淤泥和淤泥质土的天然含水量为 w=50%-70%，一般大于液限，高的可达 200%。

(2)压缩性高

我国淤泥和淤泥质土的压缩系一般都大于 0.5 MPa-1，这种软基上建造的建筑常常会发生沉降现象，同时沉降的不均匀还会使得建筑物出现裂缝以及破损。

(3)透水性弱

软土有一大特点就是含水量大但透水性却很小，渗透系数 k≤1 (mm/d)。因为他的这一特点，往往会致使土体在受到作用力后，出现较高的压力，严重地影响到地基的密实度。

(4)抗剪强度低

软土通常呈软塑 - 流塑状态，在外部荷载作用下，抗剪性能极差，根据部分资料统计，我国软土无侧限抗剪强度一般小于 30kN/m²，相当于 0.3 kg/cm²。不排水剪时，其内摩擦角几乎等于零，抗剪强度仅取决于凝聚力 C，C<30 kN/m²。我们发现要想增加软土地基的强度，就必须做好排水工作。假设土层有排水口，他将会随压力增加而变坚固。相反地如果没有好的排水口，随着压力的增加，强度会变低。我们一般用“轻型薄壁”的方式来降低建筑物的荷载量。

(5)灵敏度高

软黏土中特别是海相沉积的软黏土，当他们的自身结构完好时，抗剪性能极佳，但是一旦遭受破坏，这种强度就会大大地降低。我们一般用灵敏度来具体地表示土质遭受破坏后的特性。他的灵敏度一般保持在三至四之间，甚至更高。基于此，我们得出结论在此类地质上我们应该尽可能地不去扰动土质。一般来讲，冲填土的强度不高，压缩性能高，没有很好的固结性。杂填土一般指的是各种垃圾，包括生活、建筑以及工业垃圾等。结构上无规律可循。以生活垃圾为材料的杂填土因为富含腐殖质，因而强度不高，具有很大的压缩性。而工业垃圾为主的杂填土，却富含水化物，因此在遇到水分后极易膨胀，降低了土质的强度。

2. 软土地基上堤防失稳的破坏机理

当软基上某个面的剪应力大于他自身的抗剪度时，就会引起软基堤防产生滑动破坏现象。具体原因有两点：第一，随着剪应力的增加。例如大堤施工中上部填土荷重的增加；雨水大大地增加了土体的重量；水位降落等带来的强大的渗流力；特殊因素如地震或者人为打桩等造成的动荷载。第二，软基本身的抗剪性能降低。例如孔隙水应力的升高；因气候变化带来的干裂现象等；黏土夹层受水后发生软化等。

3. 软基筑堤时的应对措施

(1)堤身自重挤淤法

所谓堤身自重挤淤就是通过逐步加高的堤身自重将处于流塑态的淤泥或淤泥质土外挤，并在堤身自重作用下使淤泥或淤泥质土中的孔隙水应力充分消散和有效应力增加，从而提高地基抗剪强度的方法。在此过程中常会出现不均匀的沉陷现象，因此我们应该放缓堤坡，并减缓堤身的施工速度，逐步加高。虽然这种方法能够节约成本，但是它的工期较长。因此，它只使用于淤泥以及淤泥质土的软基上面，而且施工的工期不紧的情况下较为合适。

(2)抛石挤淤法

所谓抛石挤淤主要是通过往淤泥中撒放石块等，通过这些石块挤出土中的淤泥，这样就能很好地加固地基。具体操作如下：第一，先选用不容易被风化的石块，将他们填到被处理的地基中，抛填时需注意方向。比如当横坡比较陡的时候，应该从高处向低处填。第二，在上面铺上一层反滤层。此法的施工相对简单，而且成本较低，一般被用在淤泥以及淤泥质地基中。

(3)垫层法

所谓垫层主要是指先把靠近建筑基层的不适用的土挖出，然后再用人工的方式来回填一些碎石等的高强度的高透水性的材料。这些材料一般比较易得，而且成本较低，施工方便，它主要用在软土埋藏不深以及挖方量较小的场所。

(4)预压砂井法

此法的运作需要排水系统以及加压系统两者的有效配合。通过两系统的配合将地基里面的水排出。常用的排水系统有水平排水垫层、排水砂沟和竖直方向的排水砂井或塑料排水板；加压系统有堆载预压、真空预压或降低地下水位等。当堆载预压和真空预压联合使用时又称真空联合堆载预压法。操作步骤如下：先清除要加固地的植被以及表土等，然后在其上铺设一层垫层；再接着以垂直的方式插入塑料的排水板，在垫层上以横向的方式排放排水设施，来改善地基的排水性能，然后在垫层上铺密封膜，用真空泵将密土膜以内的地基气压抽至 80kPa 以上。此法比较适合工期不紧的淤泥质地基。因为他的加固时间长，抽空的范围比较有限，对于流变性强的泥炭土等就不易采用此法。

(5)振动水冲法

所谓振冲法是利用振冲器来处理，振冲器的上下喷水口在振动以及冲击力的影响下在地基中形成孔洞，然后在洞内填入碎石等，分层夯实，以此来加固地基。加固的初始强度不能太低，此法不适用于过软的淤泥质土。石灰桩、二灰桩是在桩孔中灌入新鲜生石灰，或在生石灰中掺入适量粉煤灰、火山灰。它通过生石灰的高吸水性、膨胀后对桩周土的挤密作用，离子交换作用和空气中的 CO_2 与水发生酸化反应使被加固地基强度提高。

(6)强夯法

强力夯实是将 80 kN 即相当于 8 tf 以上的夯锤，起吊到很高的地方 (一般 6-30 m)，通过锤自由落体的方式,来夯实土基。这样土体的孔隙就会被大大地压缩,同时,夯点周围产生的裂隙为孔隙水的出逸提供了方便的通道,有利于土的固结,从而提高了土的承载能力,而且夯后地基由建筑荷载所引起的压缩变形也将大为减小。此法比较适合用在河流的冲积层,以及滨海的沉积层等地基中。

(7)土工合成材料加筋加固法

将土工合成材料平铺于堤防地基表面进行地基加大,这样能够有效地分散荷载量。当地基可能出现塑性剪切破坏时,土工合成材料将起到阻止破坏面形成或减少破坏发展范围的作用,从而达到提高地基承载力的目的。此外,土工合成材料与地基土之间的相互摩擦将限制地基土的侧向变形,从而增加地基的稳定性。

以上所述方法都是针对软基处理时用到的有效措施。工作中我们应该仔细研究,如果不能很好地注意到这些,将会给我们的施工带来很多不必要的麻烦。在具体的施工操作中,我们应该具体情况具体分析,仔细认真地选择好对应的方法,以此来保证工程地基稳定,最终才能保证我们的施工质量。

三、水库土石坝设计重点内容

1. 土石坝概况

(1)我国土石坝的建设概况

土石坝是由土料、石料或者混合材料,经过抛填、碾压等方法堆筑而成的挡水坝,是我国现存的坝型中最古老的一种,其建设历史超过了2500年。到现在,土石坝以其发展快、应用广等特点成了世界坝工建设中一种重要的坝型。土石坝大多就地取材,因此成本低、适应性强,在此基础上又有较好的抗震性,寿命较长,所以在我国广泛应用。在我国,土石坝水库的比例大于95%。由此可见,水库土石坝的设计十分重要。因为在现有土石坝中,由于设计不当而错设抗洪数据、不能抵抗洪汛的土石坝约占三分之一;而因为设计不周、勘测滞后、施工超前的原因,超过三分之一的水库土石坝已经出现病险,甚至导致溃坝。

(2)我国土石坝险情分析

1)土石坝渗漏

土石坝渗漏是我国土石坝溃坝现象最重要原因之一。土石坝的渗漏种类有四个:坝身渗漏、坝基渗漏、接触渗漏、绕坝渗漏。分析这些现象的原因,主要有以下几点:

①材质不过关

土石坝大多就地取材,有些由于交通不便利,取材就更不规范。筑坝的材料有很多不过关,比如杂质多、水溶性强等;而这些材质在施工时也不能保证充分使用,比如碾压不够紧等。

②坝身设计不过关

这是一大原因,坝身设计不过关,比如坝身不够厚导致渗径短,比如排水槽对冲坝基等，这些都可能导致渗漏加剧。

③排水体不过关

一般土石坝都会设立排水槽、排水棱体等，但因为设计问题，很可能导致排水体堵塞而失效，甚至没有排水体。

④坝基不过关

坝基不过关，很可能导致原封堵漏洞而漏水，或地基沉陷不均匀，坝基挤压变形，从而渗漏。

⑤放水设施不过关

比如截水槽的尺寸、设计不符合要求，碾压不实，或内部没有压涵管，导致不能和岸坡结合。

2）坝体裂缝土石坝产生裂缝的主要原因有：

①清淤工作不彻底；

②坝基防渗措施未奏效；

③泄洪操作不当；

④结合部质量差。

3）坝体滑坡土石坝的滑坡原因主要有以下几点：

①勘验设计不到位；

②建设不到位；

③碾压不到位。

2. 土石坝设计的重点

土石坝的设计重点在于预防险情、除险加固。

（1）复核洪汛数据

我国水库土石坝建设不规范，常出现洪汛预测不准的情况，因此要在设计与计算的过程中，注重复核洪汛数据。

（2）要重视实际监测

对于修建土石坝水库地区的水文资料应当充分利用，不仅要利用已有的历史水文资料，还要重视实际监测，其内容包括洪水汛期、年降水量、暴雨量等洪汛数据。

（3）要注重数据合理

在得到资料后，在设计计算过程中，要根据获得的基本资料和相关计算方法得出相关参数。这些相关参数都应进行进一步的分析与检查，保证其合理。对于补充的洪汛资料，需要分析和论证，保证其有重现期，和本地实际得出的洪汛信息的调查相比较，检查合理性。

（4）要进行数据复核

要保证资料的复核与数据的复核。尤其是洪汛资料和流域特征等对最终数据影响比较大的内容，要格外注意，保证不发生系统性的错误，也要保证错误的及时改正。

（5）要挑选相适应的标准

在保证洪汛数据合理、准确后，就要比照数据与建筑物级别，挑选相适应的抗洪标准。这个过程要严格按照国家指标进行，对其质量、用材等进行进一步确认，要校准洪水、洪峰流量与洪量，将其作为设计水库特征的依据。

（6）要适当考虑当地环境

除了参考数据以外，还要适当考虑当地环境。水库地理特征明显、水域十分重要的地区，或者一旦土石坝溃坝将会对下游地区造成巨大影响的，为了确保该地区的安全，应该考虑按照可能最大洪水 (PMF) 的级别作为洪水标准，如果预定设计在 2-4 级建筑物的标准，可适当提高 1-2 级。

（7）提高抗震性

地震灾害是造成土石坝溃坝的一大原因，且造成的结果通常十分严重。因此抗震性也是土石坝设计的重要内容。

1）应当复核地质条件

要实际监测当地的地质环境，取得地质资料。其内容包括地震带、断层交会带、密集缝隙区等地质环境，并且要考虑河床自身的条件，如河床土质、是否缓倾、土层质量、是否架空、地基是否沉降等内容，另外由于土石坝大多就地取材，要考虑到当地土石质量，如是否有水溶性岩石等。

2）要重视分析

在得到上述材料后，应当对土石坝的抗震性进行静动力分析，主要方法如拟静力法，考虑条块水平地震惯性、设计烈度、动态分布系数等；也可以利用动力法，考虑震前坝体初始状态，通过非线性应力的应变关系来得出结论。此外要考虑到土石坝地震的永久变形和残余变形。

3）要核准数据

在根据上述材料得出相关数据后，要严格按照国家标准进行设计，确定建筑物防震等级。要对数据、材料进行复核，保证数据的合理性。

4）要考虑到用材

要改善土体抗液化的性能，就要避开易液化的土体，采用抗液化破坏的结构。

5) 要注重结构

为了抗震，要从坝高、地基、水库防控设施、坝轴线以及防渗体选材等方面考虑抗震。

（8）确保坝体防漏与排水坝体渗漏

包括坝基渗漏、坝肩渗漏以及接触带渗漏。

1）要注重当地土石质量

选择材质要避开易液化的土质，同时要考虑到当地地质条件。

2）要保证防渗墙的设计

如果坝体设计的孔隙比较大，用其他防渗方式已经不足够满足防渗要求时，可以考虑沿着坝轴线设立防渗墙。但防渗墙要经过仔细设计，比如其底部必须深入二层基岩，最好能选用混凝土作为防渗墙的建材，而制造方法最好选择灌浆。

3）要保证多重结合，上堵下排

在设计过程中，最好在上游、坝体和下游共同采取措施保证防渗漏，运用黏土铺盖的方式进行水平防渗，并结合开挖导渗沟的方式。要多采取充填、灌浆的方式，填补坝体孔隙，起到防渗效果。而上游最好铺设防渗层，保证其防渗效果，而在下游，要保证排水棱体发挥积极作用。

4）要做到排水渗漏相结合

而在排水方面，要做到和防渗漏相结合，能做到有效排走坝体和基础的少量渗水，保证降低湿润线，而确保渗透的压力。

5）设计合理

可以对坝面排水设计进行进一步的加强，最好能够将放水涵道移开，保证其不会直接对冲坝脚。并且保证排水道畅通，能够接入下游河道。而对上游坝面应该设计加入预制块进行护坡，下游最好能采用草皮护坡，并增设堆石排水棱体。

（9）坝坡的加固与防滑

滑坡及滑坡性裂缝是土石坝溃坝的一大原因。因此在设计的过程中就要十分注重坝坡的加固。

1）要充分考虑建设地的地理环境

首先要对河床的土质、是否有架空层等地质条件进行考察，其次要考虑地基是否沉陷、当地土石的水溶性等材料问题，最后结合当地水文条件，考虑好坝坡的建设标准。

2）要选择正确的坝型

如混凝土拱坝坝型、混凝土重力坝坝型、土坝坝型等。选择坝型有许多要件，如自重、选材、施工工艺、渗水性、坝基稳固性、抗震性、耗材、温度，并结合当地的实际情况，选择使用什么坝型。

3）要保证坝型的实际生成

在选择好坝型后，要保证它的优势能被切实达成。比如选材，要考虑到土石坝就地取材的特点，要保证材料切实可得；比如施工条件，要保证当地的自然环境不会妨碍施工等。

（10）确保枢纽布置合理

1）要选择正确的坝址

选择坝址要考虑到多个条件，要考虑到坝址所处地区施工方便、交通便利；并且要保证工程量较小、施工期可以较短；还要考虑降低成本；并且要考虑到选择的坝址自然环境相对稳定，保证土石坝的使用寿命。

2）要保证枢纽的全面性

要根据当地的自然、经济、社会情况，考虑到枢纽运行的各种可能，并以此来设定枢纽的设施内容，目的是保证在任何情况下，该枢纽都能正常地运作，而不会被中断。

3）要考虑降低相对费用

这一条的前提是保证枢纽的建筑强度和稳定性，在保证这一项后，可以考虑其运作成本，合理安排枢纽的运作，降低其维护费、总造价和年运作费用等。

4）要考虑布局紧凑

在尽量少的空间内布置尽量多的枢纽，这样可以保证减少连接性的建筑，保证安全，降低成本。

第五节　基坑工程

一、概述

为保证地面向下开挖形成的地下空间在地下结构施工期间的安全稳定，所需的挡土结构及地下水控制、环境保护等措施称为基坑工程。

基坑工程是集地质工程、岩土工程、结构工程和岩土测试技术于一身的系统工程。其主要内容包括：工程勘察、支护结构设计与施工、土方开挖与回填、地下水控制、信息化施工及周边环境保护等。基坑施工最简单、最经济的办法是放大坡开挖，但经常会受到场地条件、周边环境的限制，所以需要设计支护系统以保证施工的顺利进行，并能较好地保护周边环境。

1. 工程特点

基坑工程具有较大的风险性。基坑支护体系一般为临时措施，其荷载、强度、变形、防渗、耐久性等方面的安全储备较小。

基坑工程具有明显的区域特征。不同区域具有不同的工程地质和水文地质条件，即使同一城市也可能会有较大差异。

基坑工程具有明显的环境保护特征。基坑工程的施工会引起周围地下水位变化和应力场的改变，导致周围土体的变形，对相邻环境会产生影响。

基坑工程理论尚不完善。基坑工程是岩土、结构及施工相互交叉的科学，且受到多种复杂因素影响，其在土压力理论、基坑设计计算理论等方面尚待进一步研究。

基坑工程具有很强的个体特征。基坑所处区域地质条件的多样性、基坑周边环境的复杂性、基坑形状的多样性、基坑支护形式的多样性，决定了基坑工程具有明显的个性。

2. 方案与类型

总体方案分为：顺作法、逆作法，也可顺逆结合。

（1）顺作法

先施工周边围护结构，然后由上而下开挖土方并设置支撑，挖至坑底后，再由下而上施工主体结构,并按一定顺序拆除支撑的过程。

（2）逆作法

利用主体地下结构水平梁板结构作为内支撑，按楼层自上而下并与基坑开挖交替进行的施工方法。

支护类型分为：放坡、重力式水泥土墙或高压旋喷围护墙、土钉墙、支挡式结构、逆作拱墙。其中支挡式结构包括,型钢横挡板、钢板墙、混凝土板墙、灌注桩排桩、预制排桩（钢管、混凝土）、地下连续墙、型钢水泥土搅拌墙。

支撑类型分为：内支撑和拉锚（土锚）。内支撑包括钢支撑、混凝土支撑、钢支撑和混凝土支撑组合以及支撑立柱。

3. 围护结构

（1）结构体系

基坑围护结构体系包括（桩）墙、冠梁及其他附属构件。

（2）结构类型

板柱式、柱列式、重力式挡墙、组合式以及土层墙杆、逆筑法、沉井等。

4. 施工工艺

基坑土方开挖的施工工艺一般有两种：放坡开挖（无支护开挖）和在支护体系保护下开挖（有支护开挖）。前者既简单又经济，但需具备放坡开挖的条件，即基坑不太深而且基坑平面之外有足够的空间供放坡这用。因此，在空旷地区或周围环境允许放坡而又能保证边坡稳定条件下应优先选用。

5. 浅基坑

（1）放坡开挖

开挖深度不超过 4 m 的基坑且当场地条件允许，并经验算能保证土坡稳定性时，可采用放坡开挖。

开挖深度超过 4 m 的基坑，有条件采用放坡开挖时设置多级平台分层开挖，每级平台的宽度不宜小于 1.5 m。

（2）放坡开挖的基坑,尚应符合下列要求：

1）坡顶或坡边不宜堆土或堆载，遇有不可避免的附加荷载时，稳定性验算应计入附加荷载的影响；

2）基坑边坡必须经过验算,保证边坡稳定；

3）土方开挖应在降水达到要求后,采用分层开挖的方法施工,分层厚度不宜超过 2.5m；

4）土质较差且施工期较长的基坑,边坡宜采用钢丝网水泥或其他材料进行护坡；

5) 放坡开挖应采取有效措施降低坑内水位和排除地表水，严禁地表水或基坑排出的水倒流回渗入基坑。

6. 基坑地下水控制—降水井

降水井起的是降低地下水位作用或者疏干地下水的作用，有深有浅，深度按照降水要求，深的降水井，甚至可以达到五六十米。降水井类型有轻型井点、管井、真空井点等。

施工顺序：

1) 放线定井位；

2) 放样、钻孔至设计深度；

3) 安装 φ400 无砂滤管或桥式滤管（井管类型还有其他多种形式：比如钢筋笼、UPV C 等）；

4）井管底端封口接头应牢固防止反砂；

5）在孔壁与砂管之间填充滤料接近井口一定范围内（一般是填土区域内）采用黏土填实封严。

6）空压机洗井至水清；

7）沉放潜水泵（进水口）至井底 2.0m 处敷设集水总管用抽水管与泵连接；

8）试抽水检查井管是否漏水、水泵是否反转；

9）测定每个管井初始水位和流量进行正式抽水；

10）正常抽水监测。

7. 质量控制

（1）无砂滤水管必须通畅，滤料粒径均匀，含泥量少，均检验合格后方可使用。

（2）严格按设计要求控制好井径、井深和井距。

（3）无砂水泥管接口必须用塑料布封严。

（4）每打成一眼井要进行质量检查验收，孔径偏差 ≤10 cm，垂直偏差 ≤5，井深偏差 ≤20 cm。

（5）洗井后泥沙含量控制在 10% 以内。

（6）抽水期间应经常检查抽水管和水泵有无故障，经发现应及时修理或更换，并应经常检查抽水情况，防止无水烧坏水泵，影响降水效果。

（7）在全部打井和抽水过程中必须有专人负责，做好成井记录和抽水记录以保证成井质量和抽水正常。

二、挡土板

挡土板是为了防止沟槽、基坑土方坍塌的一种临时性的挡土结构，一般由撑板和横撑组成，常用钢、木、竹制作。按横撑所使用的材质可分为木支撑和铁支撑，木支撑用圆木或方木制作横撑，铁支撑是专用的铁撑脚作横撑。钢制桩挡土板支撑是在沟槽、基坑开挖前用打桩机械打入槽型钢板桩，打好桩后，在开挖土方的同时，设置横撑对槽型钢板桩进行加固。

1. 支撑形式的分类

按撑板的排列方式有横板密撑、横板疏撑、竖板密撑、竖板疏撑和井安简易撑等。

按撑板的材质可分为木挡土板、竹挡土板、钢挡土板。

木挡土板用4-7 cm厚的木板制作,竹挡土板和钢挡土板分别采用竹脚手板、钢模板、钢板或槽钢。

按横撑所使用的材质可分为木支撑和铁支撑，木支撑用圆木或方木制作横撑，铁支撑是专用的铁撑脚作横撑。钢制桩挡土板支撑是在沟槽、基坑开挖前用打桩机械打入槽型钢板桩,打好桩后,在开挖土方的同时,设置横撑对槽型钢板桩进行加固。

2. 支护

支护是为保证地下结构施工及基坑周边环境的安全，对侧壁及周边环境采用的支挡、加固与保护措施。

（1）基本信息

我国深基坑工程始于20世纪80年代,由于城市高层建筑的迅速发展,地下停车场、高层建筑埋深、人防等各种需要,高层建筑需要建设一定的地下室。近几年,由于城市地铁工程的迅速发展,地铁车站、局部区间明挖等也涉及量的基坑工程,在双线交叉的地铁车站，基坑深达20-30 m。水利、电力也存在着地下厂房、地下泵房的基坑开挖问题。无论是高层建筑还是地铁的深基坑工程，由于都是在城市中进行开挖，基坑周围通常存在交通要道、已建建筑或管线等各种构筑物,这就涉及基坑开挖的一个很重要内容,要保护其周边构筑物的安全使用。而一般的基坑支护多是临时结构，投资大也易造成浪费，但支护结构不安全又势必会造成工程事故。因此，如何安全、合理地选择合适的支护结构并根据基坑工程的特点进行科学的设计是基坑工程要解决的主要内容。

（2）设计要求

基坑支护作为一个结构体系，应要满足稳定和变形的要求，即通常规范所说的两种极限状态的要求，即承载能力极限状态和正常使用极限状态。所谓承载能力极限状态，对基坑支护来说就是支护结构破坏、倾倒、滑动或周边环境的破坏，出现较大范围的失稳。一般的设计要求是不允许支护结构出现这种极限状态的。而正常使用极限状态则是指支护结构的变形或是由于开挖引起周边土体产生的变形，影响正常使用，但未造成结构的失稳。因此，基坑支护设计相对于承载力极限状态要有足够的安全系数，不致使支护产生失稳,而在保证不出现失稳的条件下,还要控制位移量,不致影响周边建筑物的安全使用。因而,作为设计的计算理论,不但要能计算支护结构的稳定问题,还应计算其变形,并根据周边环境条件,控制变形在一定的范围内。

一般的支护结构位移控制以水平位移为主，主要是水平位移较直观，易于监测。水平位移控制与周边环境的要求有关，这就是通常规范中所谓的基坑安全等级的划分，对于基坑周边有较重要的构筑物需要保护的，则应控制小变形，此即为通常的一级基坑的位移要求；对于周边空旷，无构筑物需保护的，则位移量可大一些，理论上只要保证稳定即可,此即为通常所说的三级基坑的位移要求；介于一级和三级之间的,则为二级基坑的位移要求。

对于一级基坑的最大水平位移,一般宜不大于30 mm,对于较深的基坑,应小于0.3%

H, H 为基坑开挖深度。对于一般的基坑，其最大水平位移也宜不大于 50 mm。一般最大水平位移在 30 mm 内地面不致有明显的裂缝，当最大水平位移在 40-50 mm 内会有可见的地面裂缝，因此，一般的基坑最大水平位移应控制不大于 50 mm 为宜，否则会产生较明显的地面裂缝和沉降，感观上会产生不安全的感觉。一般较刚性的支护结构，如挡土桩、连续墙加内支撑体系，其位移较小，可控制在 30 mm 之内，对于土钉支护，地质条件较好，且采用超前支护、预应力锚杆等加强措施后可控制较小位移外，一般会大于 30 mm。

（3）支护类型

1）放坡开挖

适用于周围场地开阔，周围无重要建筑物，只要求稳定，位移控制无严格要求，价钱最便宜，回填土方较大。

2）水泥土围护墙

深层搅拌水泥土围护墙是采用深层搅拌机就地将土和输入的水泥浆强行搅拌，形成连续搭接的水泥土柱状加固体挡墙。水泥土围护墙优点：由于一般坑内无支撑，便于机械化快速挖土；具有挡土、止水的双重功能；一般情况下较经济；施工中无振动、无噪音、污染少、挤土轻微，因此在闹市区内施工更显出优越性。水泥土围护墙的缺点：首先是位移相对较大，尤其在基坑长度长时，为此可采取中间加墩、起拱等措施以限制过大的位移；其次是厚度较大，只有在红线位置和周围环境允许时才能采用，而且在水泥土搅拌桩施工时要注意避免影响周围环境。

3）高压旋喷桩

高压旋喷桩所用的材料亦为水泥浆，它是利用高压经过旋转的喷嘴将水泥浆喷入土层与土体混合形成水泥土加固体，相互搭接形成排桩，用来挡土和止水。高压旋喷桩的施工费用要高于深层搅拌水泥土桩，但其施工设备结构紧凑、体积小、机动性强、占地少，并且施工机具的振动很小，噪音也较低，不会对周围建筑物带来振动的影响和产生噪音等公害，它可用于空间较小处，但施工中有大量泥浆排出，容易引起污染。对于地下水流速过快的地层，无填充物的岩溶地段永冻土和对水泥有严重腐蚀的土质，由于喷射的浆液无法在注浆管周围凝固，均不宜采用该法。

4）槽钢钢板桩

这是一种简易的钢板桩围护墙，由槽钢正反扣搭接或并排组成。槽钢长 6 ~ 8 m，型号由计算确定。其特点为：槽钢具有良好的耐久性，基坑施工完毕回填土后可将槽钢拔出回收再次使用；施工方便，工期短；不能挡水和土中的细小颗粒，在地下水位高的地区需采取隔水或降水措施；抗弯能力较弱，多用于深度 ≤4 m 的较浅基坑或沟槽，顶部宜设置一道支撑或拉锚；支护刚度小，开挖后变形较大。

5）钢筋混凝土板桩

钢筋混凝土板桩具有施工简单、现场作业周期短等特点，曾在基坑中广泛应用，但由于钢筋混凝土板桩的施打一般采用锤击方法，振动与噪音，同时沉桩过程中挤土也较为严重，在城市工程中受到一定限制。此外，其制作一般在工厂预制，再运至工地，成本较灌注桩等略高。但由于其截面形状及配筋对板桩受力较为合理并且可根据需要设计，目前已可制作厚度较大 (如厚度达 500 mm 以上) 的板桩，并有液压静力沉桩设备，故在基坑工程中仍是支护板墙的一种使用形式。

6）钻孔灌注桩

钻孔灌注桩围护墙是排桩式中应用最多的一种，在我国得到广泛的应用。其多用于坑深 7-15m 的基坑工程，在我国北方土质较好地区已有 8-9 m 的臂桩围护墙。钻孔灌注桩支护墙体的特点有：施工时无振动、无噪音等环境公害，无挤土现象，对周围环境影响小；墙身强度高，刚度大，支护稳定性好，变形小；当工程桩也为灌注桩时，可以同步施工，从而施工有利于组织、方便、工期短；桩间缝隙易造成水土流失，特别是在高水位软粘土质地区，需根据工程条件采取注浆、水泥搅拌桩、旋喷桩等施工措施以解决挡水问题；适用于软粘土质和砂土地区，但是在沙砾层和卵石中施工困难应该慎用；桩与桩之间主要通过桩顶冠梁和围檩连成整体，因而相对整体性较差，当在重要地区，特殊工程及开挖深度很大的基坑中应用时需要特别慎重。

7）地下连续墙

通常连续墙的厚度为 600 mm、800 mm、1000 mm，也有厚达 1200 mm 的，但较少使用。地下连续墙刚度，止水效果好，是支护结构中最强的支护型式，适用于地质条件差和复杂，基坑深度大，周边环境要求较高的基坑，但是造价较高，施工要求专用设备。

8）土钉墙

土钉墙是一种边坡稳定式的支护，其作用与被动的具备挡土作用的上述围护墙不同，它是起主动嵌固作用，增加边坡的稳定性，使基坑开挖后坡面保持稳定。土钉墙主要用于土质较好地区，我国华北和华东北部一带应用较多。目前我国南方地区亦有应用，有的已用于坑深 10m 以上的基坑，稳定可靠、施工简便且工期短、效果较好、经济性好，在土质较好地区应积极推广。

3. 破坏形式

1）由支护强度，刚度和稳定性不足引起的破坏；

2）由支护深度不足，导致基坑隆起引起的破坏；

3）由水平帷幕处理不好，导致管涌等引起的破坏；

4）由人工降水处理不好引起的破坏。

三、集水明排

用排水沟、集水井、泄水管、输水管等组成的排水系统将地表水、渗漏水排泄至基坑外的方法。

四、截水

截水是地下水控制的方法之一，防止地下水渗透到基坑（槽）内，影响工程施工。采用截（隔）水帷幕的目的是切断基坑外的地下水流入基坑内部。截水帷幕的厚度应满足基坑防渗要求，截水帷幕的渗透系数宜小于 1.0*10-6 cm · s-1。

当地下含水层渗透性较强，厚度较大时，可采用悬挂式竖向截水与坑内井点降水相结合或采用悬挂式竖向截水与水平封底相结合的方式。

截水帷幕插入弱透水地层中，需进行基底渗流稳定、隆起验算，如果安全，坑外可不布设降水井，坑内需根据当地类似工程经验布设降水井以控制地下水在基底以下。反之，坑外宜按降水设计计算结果布设降水井或坑内布设降压井。

五、回灌

回灌是工程中的一种技术。回灌是网络社区、论坛的产物。发帖人为楼主，当有人回帖时被称作灌水，楼主或回帖人重新回复帖子时，便称作回灌。

1. 基本内容

工程中回灌指补充在进行井点降水时所流失的地下水。

2. 回灌技术原理

通过回灌井点向土层中灌入足够的水，使降水井点的影响半径不超过回灌井点的范围。回灌井点就以一道隔水帷幕，阻止回灌井点外侧的建筑物下的地下水流失，使那边地下水位保持不变，从而土层压力仍处于原始平衡状态。这样有效地防止了降水井点对周围建筑物的影响。

参考文献

[1] 刘旭东 . 岩土工程勘察设计与施工一体化的实现途径 [J]. 四川建材，2022，48(2)：133-134.

[2] 张鹏 . 勘察技术在岩土工程施工中的应用 [J]. 居舍，2022(3)：45-47.

[3] 闫兵兵 . 深基坑工程岩土工程勘察的重点及对支护施工的影响研究 [J]. 中国住宅设施，2021(12)：42-43.

[4] 夏飞跃 . 岩土工程勘察与基坑施工设计研讨 [J]. 世界有色金属，2021(22)：210-211.

[5] 曾佑宗 . 浅谈安全系统工程在岩土工程勘察施工中的作用 [J]. 世界有色金属，2021(19)：164-165.

[6] 魏飞，花凯生 . 岩土工程勘察对基坑支护施工的影响 [J]. 智能城市，2021，7 (17)：123-124.

[7] 李映，卞晓卫，周以林 . 简谈岩土工程勘察设计与施工中水文地质问题 [J]. 大众标准化，2021(17)：37-39.

[8] 魏强 . 岩土工程勘察对基坑支护施工的影响研究 [J]. 中国金属通报，2021 (08)：152-153.

[9] 庄严，李熹 . 岩土工程勘察对基坑支护施工分析 [J]. 低碳世界，2021，11(6)：97-98.

[10] 廖焱 . 勘察技术在岩土工程施工中的应用 [J]. 中国建筑装饰装修，2021(4)：122-123.

[11] 卢超 . 岩土工程勘察对基坑支护施工的影响及对策研究 [J]. 四川水泥，2021(4)：164-165.

[12] 张晓瑞 . 岩土工程勘察对基坑支护施工的影响探析 [J]. 江西建材，2021 (2)：135-136.

[13] 曹加乔 . 岩土工程勘察设计与施工一体化的实现途径 [J]. 工程技术研究，2021，6(4)：228-229.